CÁLCULO ESTATÍSTICO ATUARIAL

CÁLCULO ESTATÍSTICO ATUARIAL

Camila Correia Machado

Rua Clara Vendramin, 58 – Mossunguê
CEP 81200-170 – Curitiba – PR – Brasil
Fone: (41) 2106-4170
www.intersaberes.com
editora@intersaberes.com

Conselho editorial
Dr. Alexandre Coutinho Pagliarini
Dr.ª Elena Godoy
Dr. Neri dos Santos
M.ª Maria Lúcia Prado Sabatella

Editora-chefe
Lindsay Azambuja

Gerente editorial
Ariadne Nunes Wenger

Assistente editorial
Daniela Viroli Pereira Pinto

Preparação de originais
Palavra Arteira Edição e Revisão de Textos

Edição de texto
Arte e Texto Edição e Revisão de Textos

Capa
Luana Machado Amaro (*design*)
Madredus/Shutterstock (imagem)

Projeto gráfico
Sílvio Gabriel Spannenberg

Adaptação do projeto gráfico
Kátia Priscila Irokawa

Diagramação
Muse Design

***Designer* responsável**
Luana Machado Amaro

Iconografia
Regina Claudia Cruz Prestes

Dados Internacionais de Catalogação na Publicação (CIP)
(Câmara Brasileira do Livro, SP, Brasil)

Machado, Camila Correia
  Cálculo estatístico atuarial / Camila Correia Machado. -- 1. ed. -- Curitiba, PR : Intersaberes, 2023.

  Bibliografia.
  ISBN 978-85-227-0487-3

  1. Ciência atuarial 2. Estatística – Estudo e ensino I. Título.

23-148342   CDD-368.01

Índices para catálogo sistemático:

1. Ciência atuarial   368.01

Eliane de Freitas Leite – Bibliotecária – CRB 8/8415

1ª edição, 2023.
Foi feito o depósito legal.

Informamos que é de inteira responsabilidade da autora a emissão de conceitos.

Nenhuma parte desta publicação poderá ser reproduzida por qualquer meio ou forma sem a prévia autorização da Editora InterSaberes.

A violação dos direitos autorais é crime estabelecido na Lei n. 9.610/1998 e punido pelo art. 184 do Código Penal.

Sumário

9   *Apresentação*

11 *Como aproveitar ao máximo este livro*

17 **Capítulo 1 – Funções de sobrevivência**
17 1.1 Introdução à matemática atuarial
22 1.2 Funções de sobrevivência
28 1.3 Funções de probabilidade de vida S(x) e morte F(x) associadas
31 1.4 Tábua de mortalidade
36 1.5 Força de mortalidade

43 **Capítulo 2 – Leis de mortalidade**
43 2.1 Lei de mortalidade de De Moivre
45 2.2 Lei de mortalidade de Gompertz
46 2.3 Lei de mortalidade de Makeham
47 2.4 Outras leis de mortalidade
49 2.5 Análise de casos envolvendo as taxas de mortalidade

55 **Capítulo 3 – Taxas de mortalidade**
55 3.1 Taxa central de mortalidade
57 3.2 Esperança de vida
59 3.3 Seguro por sobrevivência
61 3.4 Funções de comutação
62 3.5 Tábuas de comutação

67 **Capítulo 4 – Rendas por sobrevivência**
68 4.1 Tipos de rendas por sobrevivência
70 4.2 Rendas anuais por sobrevivência
74 4.3 Rendas fracionárias por sobrevivência
77 4.4 Rendas variáveis por sobrevivência

83 **Capítulo 5 – Seguros por falecimento**
85 5.1 Seguros por falecimento: capital constante e variável
92 5.2 Resseguro
94 5.3 Relações entre seguros e renda
98 5.4 Prêmios puros e carregados
103 5.5 Regimes financeiros previdenciários

109	Capítulo 6 – O último sobrevivente
109	6.1 Modelos de vida conjunta
111	6.2 Funções de sobrevivência do último sobrevivente
116	6.3 Modelos de múltiplos decrementos
118	6.4 Tábuas de múltiplos decrementos
120	6.5 Tábua de vida de múltiplos estados
126	*Considerações finais*
127	*Referências*
135	*Anexos*
144	*Respostas*
147	*Sobre a autora*

Dedico este livro aos meus pais, Sonia e Ademar, e familiares, em especial ao meu companheiro de vida, Fillipi Klos Rodrigues de Campos, que sempre embarca nas minhas grandes aventuras.

"To those who do not know mathematics it is difficult to get across a real feeling as to the beauty, the deepest beauty, of nature. [...] If you want to learn about nature, to appreciate nature, it is necessary to understand the language that she speaks in".[1]
(Feynman, 1967, p. 58)

---

[1] "Para quem não conhece matemática é difícil passar um sentimento real quanto à beleza, a beleza mais profunda, da natureza. […] Se quer aprender sobre a natureza, para apreciar a natureza, é necessário entender a linguagem que ela fala". [tradução nossa]

Apresentação

A estatística atuarial busca, basicamente, utilizando regras da matemática e da estatística, determinar riscos e retornos para a área de seguros.

Desde o início das civilizações já havia riscos a serem contabilizados. Babilônicos, fenícios, entre outros povos, tinham suas preocupações com perdas em seus rebanhos e lavouras. Para as grandes navegações, esses cálculos de risco foram essenciais, pois perder um navio significava perder um valor relevante, então o melhor era ter um fundo de reserva (hoje chamado *seguro*) contra esse tipo de prejuízo.

E, apesar de encontrarmos citações em diversas partes do mundo, de diversas formas diferentes, ainda não se chegou a um consenso sobre o surgimento da área atuarial. O que sabemos é que ela trabalha com as incertezas e com as consequências delas.

No Brasil, vivemos um momento muito frutífero na área de seguros. Apesar de estarmos em um período de pós-pandemia, esse mercado apresentou crescimento. Muitas pessoas estão cada vez mais preocupadas em deixar sua família em uma situação mais estável no caso de uma partida repentina, e isso, fora outros fatores, fez com que os números de seguros individuais aumentassem vertiginosamente. Na área das indústrias, há certo temor de estabilidade econômica, e são os seguros e resseguros que trazem aos gestores alguma garantia de se manterem ativos.

A formação de novos e bons profissionais dessa área vem sendo o principal desafio. E, para auxiliar nessa questão, são necessários textos que tragam essa visão da importância das ciências atuariais como um todo.

É isto que propõe esse livro: despertar a curiosidade, desde leitores interessados no tema até alunos de várias áreas (estatística, matemática, economia etc.), no que se refere às ideias das ciências atuariais, da importância dessa ciência em nosso cotidiano, pois falamos de riscos todos os dias. No entanto, calcular e organizar os dados e fazer com que estes façam sentido é tarefa da matemática ou estatística atuarial. Com os dados, é possível saber o valor justo para um seguro, seja de qual tipo for, além de podermos fazer projeções sobre a aposentadoria e quanto o governo irá precisar desembolsar para isso. Assim, são as ciências atuariais que podem auxiliar uma empresa a gerir de forma mais consciente os seus riscos.

Para facilitar sua jornada nesta obra, no primeiro capítulo abordaremos temas introdutórios, definindo a matemática atuarial, seus principais parâmetros, o campo em que o profissional de atuária poderá atuar, assim como outros tópicos bastante importantes, como risco e censura. Também elucidaremos as ideias de funções de sobrevivência, probabilidade de vida, mortalidade etc. Por fim, trataremos das tábuas de mortalidade e de suas características.

No segundo capítulo, daremos enfoque às leis de mortalidade e a seus principais estudiosos, como De Moivre, Gompertz, Makeham, Thiele, Perks e Heligman-Pollard. Ao final, faremos uma análise de casos que envolvem as taxas de mortalidade.

As mesmas taxas de mortalidade levantadas ao final do segundo capítulo serão abordadas de forma mais aprofundadas no terceiro capítulo. Nesse sentido, apresentaremos as taxas centrais de mortalidade, a esperança de vida e como esses dados influenciam nos seguros de vida. Também trataremos das funções e das tabelas de comutação, que auxiliam nos cálculos das taxas de mortalidade.

Para o quarto capítulo reservamos as ideias relacionadas à renda, dando mais ênfase às rendas por sobrevivência e suas principais características e possibilidades, bem como o modo de realizar os cálculos de pagamento dessas rendas.

Já no quinto capítulo comentaremos as ideias gerais sobre os seguros por falecimento e como eles são calculados e pagos. Além disso, analisaremos as ideias do resseguro e dos prêmios relacionados entre si. Finalizando o capítulo, abordaremos os regimes financeiros previdenciários.

Por fim, no sexto capítulo, demonstraremos como se dão as rendas e se realizam os cálculos de pagamento para os vários modelos de renda para últimos sobreviventes. Como esse tópico envolve tábuas diferenciadas, trataremos também de assuntos relacionados a esse tema, como as tábuas de múltiplos decrementos e de múltiplos estados.

Desse modo, esperamos que você possa fazer bom proveito dessa leitura!

Como aproveitar ao máximo este livro

Empregamos nesta obra recursos que visam enriquecer seu aprendizado, facilitar a compreensão dos conteúdos e tornar a leitura mais dinâmica. Conheça a seguir cada uma dessas ferramentas e saiba como elas estão distribuídas no decorrer deste livro para bem aproveitá-las.

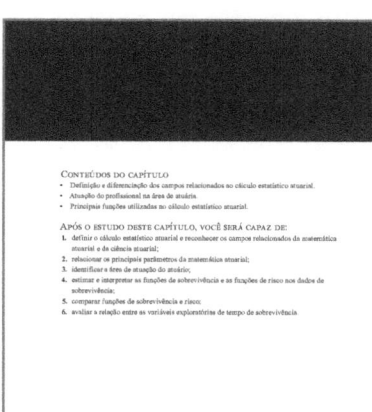

Conteúdos do capítulo
Logo na abertura do capítulo, relacionamos os conteúdos que nele serão abordados.

Após o estudo deste capítulo, você será capaz de:
Antes de iniciarmos nossa abordagem, listamos as habilidades trabalhadas no capítulo e os conhecimentos que você assimilará no decorrer do texto.

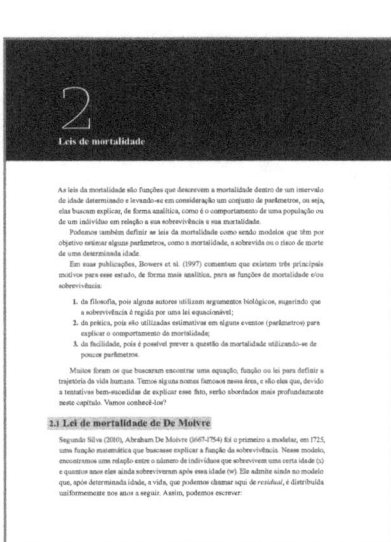

Introdução do capítulo
Logo na abertura do capítulo, informamos os temas de estudo e os objetivos de aprendizagem que serão nele abrangidos, fazendo considerações preliminares sobre as temáticas em foco.

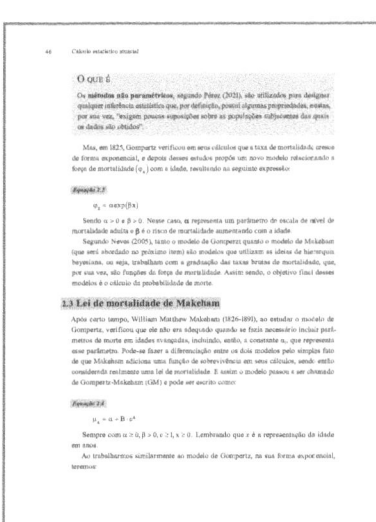

O QUE É
Nesta seção, destacamos definições e conceitos elementares para a compreensão dos tópicos do capítulo.

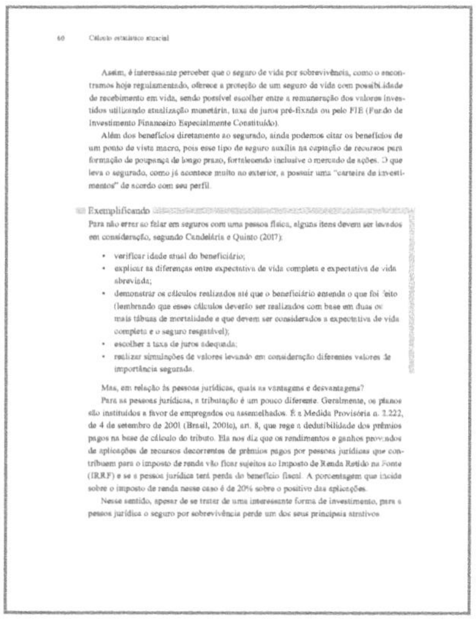

EXEMPLIFICANDO
Disponibilizamos, nesta seção, exemplos para ilustrar conceitos e operações descritos ao longo do capítulo a fim de demonstrar como as noções de análise podem ser aplicadas.

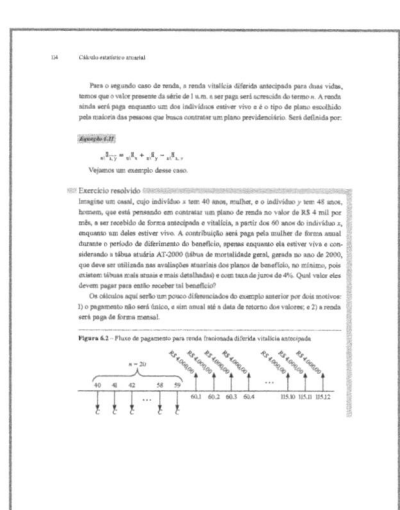

Exercícios resolvidos

Nesta seção, você acompanhará passo a passo a resolução de alguns problemas complexos que envolvem os assuntos trabalhados no capítulo.

Para saber mais

Sugerimos a leitura de diferentes conteúdos digitais e impressos para que você aprofunde sua aprendizagem e siga buscando conhecimento.

Síntese

Ao final de cada capítulo, relacionamos as principais informações nele abordadas a fim de que você avalie as conclusões a que chegou, confirmando-as ou redefinindo-as.

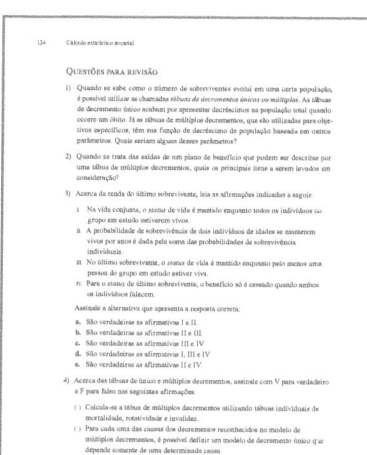

Questões para revisão

Ao realizar estas atividades, você poderá rever os principais conceitos analisados. Ao final do livro, disponibilizamos as respostas às questões para a verificação de sua aprendizagem.

Questões para reflexão

Ao propor estas questões, pretendemos estimular sua reflexão crítica sobre temas que ampliam a discussão dos conteúdos tratados no capítulo, contemplando ideias e experiências que podem ser compartilhadas com seus pares.

Conteúdos do capítulo
- Definição e diferenciação dos campos relacionados ao cálculo estatístico atuarial.
- Atuação do profissional na área de atuária.
- Principais funções utilizadas no cálculo estatístico atuarial.

Após o estudo deste capítulo, você será capaz de:
1. definir o cálculo estatístico atuarial e reconhecer os campos relacionados da matemática atuarial e da ciência atuarial;
2. relacionar os principais parâmetros da matemática atuarial;
3. identificar a área de atuação do atuário;
4. estimar e interpretar as funções de sobrevivência e as funções de risco nos dados de sobrevivência;
5. comparar funções de sobrevivência e risco;
6. avaliar a relação entre as variáveis exploratórias de tempo de sobrevivência.

1
Funções de sobrevivência

1.1 Introdução à matemática atuarial

Matemática atuarial, estatística atuarial ou ciências atuariais? Basicamente todas essas indicações tratam de um mesmo assunto: como a matemática pode ser aplicada às ciências sociais, resolvendo problemas muito importantes para seguradoras, governos, comércio, indústria etc.

A matemática atuarial pode ser subdividida em dois grandes grupos: 1) o ramo da vida; e 2) o ramo da não vida. Sobre esses grupos foram desenvolvidas teorias que viriam a facilitar a compreensão de eventos aleatórios (como a expectativa de vida de uma pessoa) e o gerenciamento de riscos, por exemplo.

O surgimento da matemática atuarial está intimamente ligado aos jogos de azar no século XVII, na Europa, e a probabilidade de determinado evento ocorrer. Mas, como ideias aprendidas com a matemática de ensino médio podem ser adaptadas a assuntos tão importantes, como o fator previdenciário de um país? Vamos voltar um pouco no tempo para entender melhor essa questão.

Segundo Calabria e Cavalari (2013), o campo da probabilidade e dos jogos de azar, na matemática, começou a se desenvolver, como comentado anteriormente, no século XVII, na Europa, por causa das grandes apostas nas mais diversas áreas. Esses cálculos abriram portas para cálculos mais relevantes à sociedade, como o cálculo da taxa de mortalidade, e levaram Edmond Halley (1656-1742), em 1694, a desenvolver a tábua de mortalidade e a própria matemática atuarial, utilizando para isso os cálculos desenvolvidos por Abrahan de Moivre (1667-1754), que estudara a teoria dos jogos aplicando-os na teoria das anuidades, em seu livro *Annunites Upons Lives*, de 1731.

O QUE É
Teorias das anuidades são pagamentos que devem ocorrer de forma anual, enquanto o titular da anuidade estiver vivo, ou seja, anuidade da vida inteira.

Agora que evidenciamos de onde vieram as ideias iniciais da matemática atuarial, podemos apresentar as funções dessa área.

De modo bastante simples, podemos definir a matemática atuarial como a ciência que utiliza a matemática e a estatística para determinar o risco e o retorno financeiros, principalmente na área de seguros, mas também é muito útil para a previdência social, tanto a pública quanto a privada.

Veja, na Figura 1.1, o fluxo de um plano de benefício definido.

Figura 1.1 – Estrutura atuarial de um plano de benefício definido com ênfase à Reserva Constituída e à Reserva Garantidora do Benefício

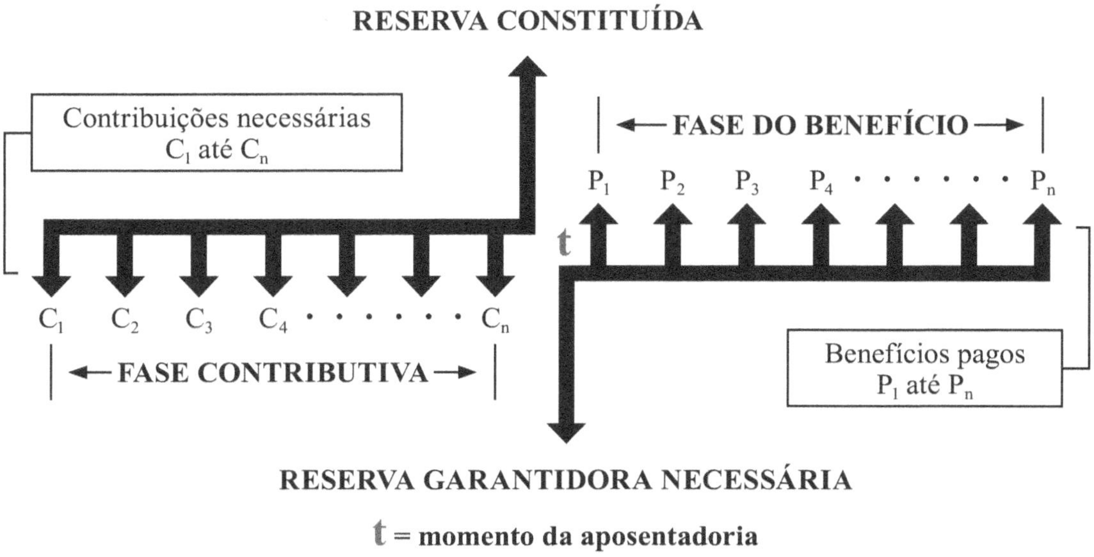

RESERVA CONSTITUÍDA

Contribuições necessárias C_1 até C_n

← FASE DO BENEFÍCIO →

P_1 P_2 P_3 P_4 · · · · · · P_n

t

C_1 C_2 C_3 C_4 · · · · · · C_n

← FASE CONTRIBUTIVA →

Benefícios pagos P_1 até P_n

RESERVA GARANTIDORA NECESSÁRIA

t = momento da aposentadoria

Fonte: Ferrari; Freitas, 2001, p. 87.

Hoje, a palavra *risco* é bastante comum no cotidiano. Mas, e a palavra *incerteza*? Ela tem o mesmo significado da palavra *risco*? Poderíamos caracterizar tais palavras pelas ideias de sorte e/ou azar? Aqui trataremos da incerteza de risco.

Definiremos o **risco** como o objeto de estudo das ciências atuariais, e ele poderá ser entendido como a possibilidade de ocorrer um evento no futuro. E como falamos em *possibilidade*, podemos nos permitir falar que o risco é um evento incerto.

A incerteza define a ideia de separação entre passado e futuro, e ela também trabalha com outra ideia: a de domínio do risco, ou seja, a noção de que o futuro é uma coisa sobre a qual temos pouco ou nenhum controle, o que nos leva àquele velho dilema de nos questionar se os seres humanos têm ou não controle de seus atos, ou se somos simplesmente "levados pelo destino".

Podemos também definir os riscos como algo decorrente de escolhas metodológicas inadequadas e ainda classificá-los em três grandes segmentos: 1) demográficos (eventos de vida, morte e invalidez); 2) econômicos (inflação, taxas de juros em recursos garantidos); e 3) administrativos (taxas de crescimento salarial e custos de administração de planos).

1.1.1 Riscos

Como sabemos, existem pessoas que escolhem correr mais ou menos riscos, em vários momentos e situações durante sua vida. Podemos afirmar, assim, que viver é um eterno gerenciamento de riscos. Na visão de Hope (2002, p. 4), gerenciar riscos é "tentar evitar perdas, tentar diminuir a frequência ou severidade de perdas ou poder pagar as perdas que ocorrerem apesar de todos os esforços em contrário".

Para a área financeira, é possível contar com um gerente de riscos. Segundo Arruda (2017), o papel desse profissional é detectar as exposições às quais uma corporação ou pessoa está sujeita, traçando um cenário de risco, cabendo a ele implementar políticas de prevenção e controle e decidir qual parcela desse risco deve ser absorvida e qual deve ser transferida para a seguradora.

O risco, como definido anteriormente, é um evento incerto. Não podemos prever quando e onde irá ocorrer. Ele causa prejuízos, mas, como se trata de uma probabilidade, podemos mensurar, ao menos grosso modo, valores para suprimir tais eventualidades. Para Teixeira (2016), levando em consideração os riscos aplicados ao mercado financeiro dos seguros, podemos classificar os riscos em: risco puro, risco especulativo, riscos particulares e riscos fundamentais.

Vejamos as características de cada um deles segundo a classificação de Teixeira (2016):

- **Risco puro** – Nesse caso, só existem duas possibilidades, a perda, caso o evento ocorra, e a não perda, caso o evento não ocorra. A morte seria um bom exemplo de risco puro, ou a pessoa morre ou não morre. Roubos de veículos entram nessa categoria também, ou o carro é roubado ou não é. Esse tipo de risco é chamado de *risco segurável*.
- **Risco especulativo** – Envolve possibilidade de perder, não perder ou ainda ganhar. São exemplos desse tipo de risco a bolsa de valores ou os jogos de azar.
- **Riscos particulares** – Afetam apenas um indivíduo ou empresa em particular, e não a sociedade em si. Há apenas duas possibilidades também: perder ou não perder. É um exemplo a morte de uma pessoa durante a jornada de trabalho ou em um incêndio. Esse tipo de risco também é segurável.
- **Riscos fundamentais** – São riscos impessoais, que ocorrem pelas mudanças econômicas, sociais, e que afetam toda a realidade de uma sociedade. São exemplos a guerra, a inflação, uma pandemia. Não são riscos seguráveis, sendo o Estado responsável por organizá-los e saná-los.

Para controlar esses riscos, os gerentes se utilizam de algumas técnicas. Utilizaremos as ideias de Pacheco Junior (2007) para elencá-las:

- **Técnica de incidentes críticos (TIC)** – Essa técnica se baseia em identificar não conformidades que possam contribuir com os danos reais ou potenciais, e para isso se utiliza de amostras aleatórias estratificadas dentro de uma dada população.
- *What-If* **(WI)** – Técnica qualitativa que analisa de forma geral e tem aplicação simples, identificando os perigos em projetos, pós-operações e processos de operações. Seu principal objetivo é testar possíveis omissões em projetos e procedimentos que possam vir a acarretar danos posteriores, bem como indicar elementos para que esses danos possam ser evitados. Sua aplicação é periódica, de acordo com as necessidades da empresa ou pessoa.
- **Cenário** – Técnica em que são realizadas reuniões com as diversas áreas envolvidas visando identificar possíveis problemas futuros e respectivas possíveis soluções. Normalmente utilizada em empresas.
- **Análise preliminar de riscos (APR)** – Pode ser chamada também de *análise preliminar de perigos* (APP), do inglês *Preliminary Hazard Analysis* (PHA). Nasceu dentro da área militar como uma técnica qualitativa que visava determinar riscos operacionais. Depois foi aplicada na revisão de segurança de sistemas operacionais para verificação de aspectos negligenciados.
- **Análise de modos de falha e efeitos (Amfe)** – É uma técnica bastante detalhada, quantitativa ou qualitativa, desenvolvida por engenheiros, que permite determinar a confiabilidade de sistemas complexos. Assim, analisam-se as falhas de equipamentos ou sistemas e seus efeitos, sendo possível estimar as taxas de falhas, possibilitando alterações e ajustes para diminuir as ocorrências.
- **Análise de operabilidade de perigos (Hazop)** – Do inglês *Hazard and Operability Studies*, é uma análise qualitativa que examina previamente projetos e modificações em linhas de processo, buscando identificar perigos. Pode ser aplicada em equipamentos e sistemas.
- **Análise de árvore de eventos (AAE)** – É um método lógico-indutivo que identifica consequências de um evento por meio da determinação de frequência e consequência indesejáveis em que este ocorre.
- **Análise de árvore de falhas (AAF)** – Transforma sistema físico em diagramas lógicos estruturados para especificar causas que levam a consequências indesejadas por meio de combinações lógicas das falhas dos diversos componentes do sistema.

Dessa forma, conhecendo melhor alguns conceitos, podemos começar a delinear as principais ideias envolvidas na estatística atuarial.

1.1.2 Parâmetros do cálculo atuarial

Para realizar quaisquer cálculos na área atuarial é necessário conhecer alguns parâmetros previamente. É claro que, dependendo da necessidade e da aplicação do cálculo, esses parâmetros também podem variar, porém, via de regra, os principais são:

- parâmetros e hipóteses biométricas e demográficas: probabilidade de vida, morte, invalidez, entre outras;
- parâmetros financeiros: taxas de juros são as principais;
- parâmetros econômicos: rotatividade de empregados, demissões, admissões, inflação, entre outros;
- modalidades de benefícios e regime financeiro.

Podemos perceber, então, que o cálculo atuarial acaba por utilizar as técnicas de probabilidade, estatística, contabilidade e até a matemática avançada para garantir que receita e despesa estejam em equilíbrio.

> **O QUE É**
>
> $$\text{Probabilidade} = \frac{\text{Casos favoráveis}}{\text{Casos prováveis}}$$

1.1.3 O que é um atuário?

Segundo a Sociedade dos Atuários – Society of Actuaries (SOA, 2022), um atuário profissional é aquele que desenvolve e comunica soluções para problemas financeiros complexos.

Ou seja, um atuário mensura e gerencia riscos. Para isso, no entanto, ele deverá ter sólidos conhecimentos nas áreas de matemática, estatística e finanças (poderá, inclusive, ser graduado em Ciências Atuariais). Geralmente trabalha em áreas em que há riscos financeiros envolvidos, como áreas de seguros, saúde, propriedades, bancos, empresas de investimentos, governos (em todas as esferas), comércio eletrônico etc.

É importante lembrar que, para um atuário poder exercer sua profissão, ele deverá realizar um exame de admissão, que ocorre anualmente no Instituto Brasileiro de Atuária (IBA) – uma sociedade sem fins lucrativos que regulamenta e auxilia o profissional de atuária.

> **Exemplificando**
>
> Quando um atuário se utiliza das tábuas biométricas, que possuem características de longo prazo, ele está atuando no ramo da vida. Assim, ele pode pesquisar e elaborar assuntos relacionados aos modelos de aposentadoria, pensão, seguro de vida etc. Já o atuário que se dedica a pesquisar e trabalhar com as teorias de risco atua nos ramos de não vida (ou de morte), e essas teorias têm características de curto prazo. Sendo assim, ele pode trabalhar com as áreas de seguro (geral, automóveis, civil, empresarial, resseguros etc.).

Outro documento existente na área atuarial é a nota técnica atuarial. Esse documento deve ser assinado por um atuário devidamente registrado no IBA e emitido pelo mesmo órgão, tendo como objetivos principais determinar critérios e metodologias para as taxas de risco. Além disso, pode definir as tarifas e demandas dos seguros, utilizadas para descrever as principais características dos planos de seguro.

A regulamentação da profissão de atuário se deu pelo Decreto n. 66.408, de 3 de abril de 1970 (Brasil, 1970). Esse decreto complementou o Decreto-Lei n. 806, de 4 de setembro de 1969 (Brasil, 1969).

Agora que definimos o que é a matemática atuarial, suas funções e aplicações, vamos focar primeiramente nas principais funções em que ela se baseia.

1.2 Funções de sobrevivência

A análise de sobrevivência é uma parte da estatística por muitas considerada o fio condutor da matemática atuarial, pois ela trata de estimar o tempo até que um evento ocorra. O tempo é, assim, muito empregado em várias áreas, como a biologia, a saúde, as engenharias etc.

Assim, se questionarmos: Qual o tempo de crescimento de uma planta até ela dar frutos em condições normais? Qual a vida útil de um equipamento? Qual a influência de um certo tratamento para a cura de um paciente? Essas perguntas poderão ser respondidas com técnicas simples de regressão.

Mas, e quando tais eventos não obedecem à essas perspectivas? Para esses casos, vamos ter de apresentar os conceitos de tempo inicial, tempo de falha e censura.

- **Tempo inicial** – Claramente é o tempo em que se inicia a contagem, a observação, a determinação da amostra. São exemplos: primeira consulta, primeira utilização de uma máquina, momento em que foi plantada a semente etc.
- **Tempo de falha** – É o tempo até que determinado evento ocorra. Relevante mencionar que, durante o planejamento, é importante determinar a unidade de tempo (minuto, hora, meses, anos etc.) para que o tempo de falha venha a ser determinado corretamente.

- **Censura** – É o conjunto dos processos estatísticos e/ou de análise de dados cujo interesse é analisar o tempo até que certo evento ocorra. Exemplos de acontecimentos nesse caso são morte, recaída, remissão, cura etc. – cujo tempo pode ser medido em horas, meses, anos etc.

1.2.1 Censura

Já conhecemos de nosso cotidiano alguma definição de *censura*. Mas como podemos definir a censura dentro da estatística atuarial?

Podemos falar que, quando analisamos dados, existem quase sempre aqueles que são truncados ou censurados (*censored*), ou seja, muitas vezes, temos informação sobre o tempo de sobrevivência, mas esta não é exata.

Exemplificando

Temos ouvido falar muito sobre tempo de ensaios sobre medicamentos. Considerando medicamentos para a infecção do vírus da imunodeficiência humana (HIV), que causa a Aids (Sida), estes não visam curar a doença, pois isso ainda não se mostrou possível, porém, com os medicamentos, é possível viver sem os sintomas desta – uma vida "quase normal". Nesse caso, a medicação com certeza modificará a expectativa de vida do paciente, mas é um dado censurado, pois não há certeza de quanto será esse aumento nessa expectativa.

Existem alguns tipos de censura que são mais conhecidos e utilizados na estatística:

- Censura aleatória – Geralmente utilizada na área da medicina. Um exemplo é quando o paciente sai do estudo antes de ocorrer a falha.
- Censura do tipo I – Ocorre em estudos em que indivíduos, mesmo com o término do tempo pré-determinado, não apresentam a falha.
- Censura do tipo II – Ocorre em estudos em que se atingiu o número de indivíduos com a falha, sendo encerrado o estudo antes do tempo.

Quando falamos no fator *tempo* dentro da censura, podemos pensar em duas variáveis aleatórias: por exemplo "T" para o tempo de falha e "C", que, independentemente do tempo, é a censura para determinado indivíduo. Podemos escrever uma função do tipo:

Equação 1.1

$$t = \min(T, C)$$

Com os seguintes parâmetros:

Equação 1.2

$$\partial = \begin{cases} 1 \text{ se } T \leq C \\ 0 \text{ se } T > C \end{cases}$$

Se supormos que pares de T_i e C_i, iniciando em i = 1, formam amostra aleatória com um número *n* de indivíduos quando temos $C = C_i$, podemos fixar uma constante e determinar uma censura do tipo I. Veja a Figura 1.2 a seguir.

Figura 1.2 – Dados aleatórios completos

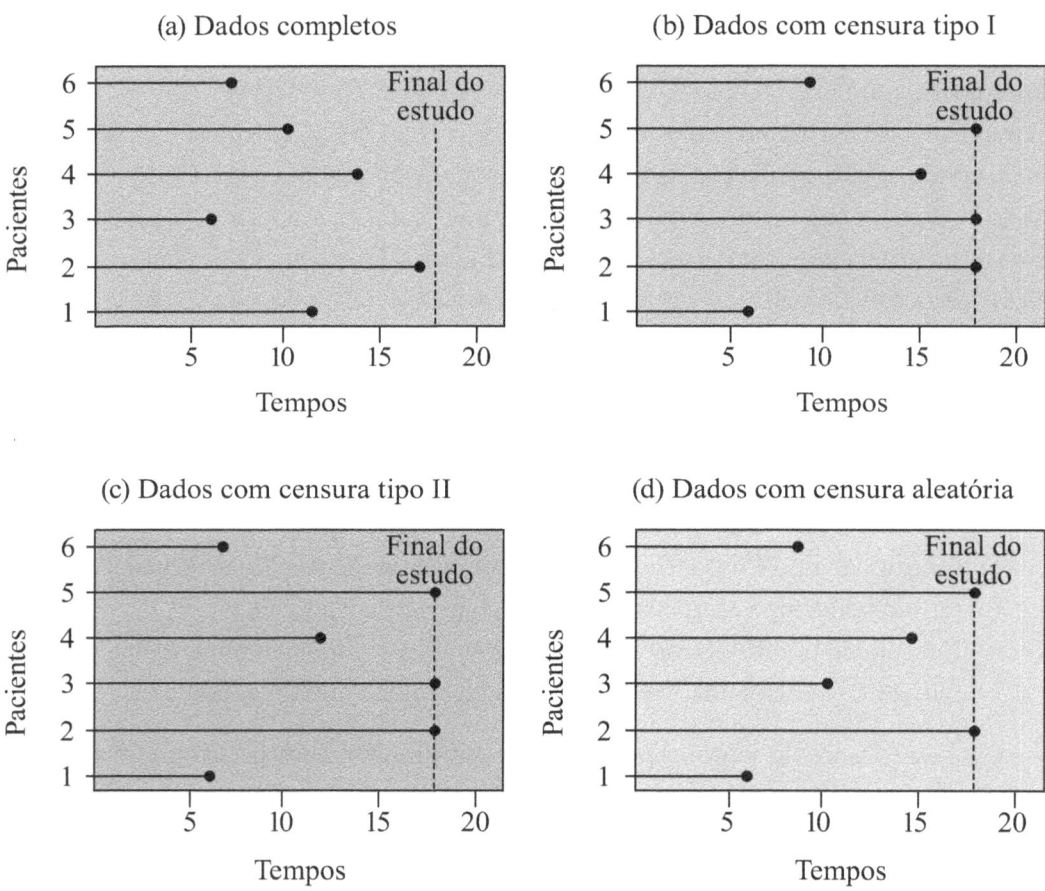

Notas: Dados aleatórios completos (a); quando todas as falhas ocorreram antes de o estudo ser finalizado, há censura tipo I (b); quando as censuras aconteceram com a finalização dos estudos, há censura tipo II (c); quando o estudo acaba ao se obter certo número preestabelecido de falhas, há censura aleatória (d), com censuras aleatórias e múltiplas.

Observando a Figura 1.2 e a análise anterior, podemos perceber que há um tipo de censura que tende sempre à direita.

Isso nos mostra que, se houver uma amostra que tenda à esquerda, temos uma sugestão de que o tempo que foi registrado é maior do que o tempo de falha, ou seja, o acontecimento já ocorreu quando o indivíduo em questão é observado.

Por fim, temos a censura intervalar. Esta ocorre quando se sabe que o acontecimento ocorre em um intervalo de tempo, ou seja, uma função do tipo $T \in (L,U]$. Assim, podemos deduzir que:

- se $L = U \rightarrow$ tempo exato de falha;
- se $L = \infty \rightarrow$ censura à direita;
- se $L = 0 \rightarrow$ censura à esquerda.

1.2.2 Representação das funções de sobrevivência

Você lembra como representar uma função de primeiro grau? Pois representar a função de sobrevivência é bastante semelhante: $S(t)$. Assim, podemos afirmar que a função de sobrevivência é definida como a probabilidade de sobrevivência de um acontecimento ocorrer até um certo tempo t, ou seja, a função define qual é a probabilidade de uma observação não falhar até um tempo predeterminado t.

Como comentado anteriormente, a função de sobrevivência é caracterizada basicamente pelo tempo de falha e pelas censuras, e com base nessas duas características é possível estimar, interpretar, comparar e avaliar a relação das variáveis com o tempo de sobrevivência.

Graficamente falando, podemos representar a função sobrevivência como uma linha horizontal, em que:

- o comprimento da linha será o tempo de sobrevivência de cada indivíduo analisado;
- as linhas deverão ser esboçadas da esquerda para a direita para que se possa distinguir as amostras que alcançaram o limite da censura;
- são colocados diferentes símbolos no final de cada linha para que se possa distinguir os limites.

Veja o Gráfico 1.1, a seguir.

Gráfico 1.1 – Gráfico de sobrevivência

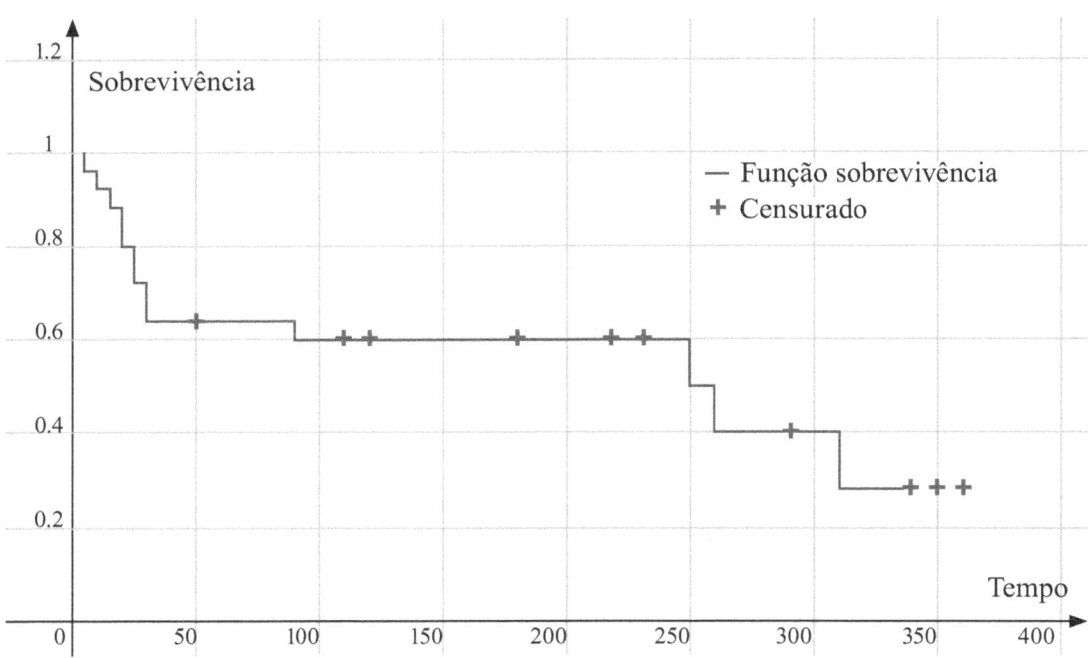

No gráfico, podemos observar o decrescimento com o passar do tempo, o ponto de maior estabilidade (0,6) e os pontos de censura (+).

Apesar de uma boa representação, esses gráficos não resumem os dados e, consequentemente, pode ser difícil obter um significado global para a sobrevivência.

Então como poderemos fazer a melhor análise dos dados?

São utilizados alguns métodos. Aqui, vamos ver os mais comuns, iniciando pelo método Kaplan-Meier.

1.2.3 Método Kaplan-Meier

Em 1958, foi "criado" o teste Kaplan-Meier. Ele é considerado um método não paramétrico que se baseia em dados quantitativos e tem por finalidade gerar uma função de distribuição no tempo até que determinado evento ocorra. A essa distribuição damos o nome de *sobrevivência*, pois ela estima o tempo de sobrevivência em determinados momentos no tempo. Interessante que nesse método é possível incluir sujeitos que não atingiram o evento (censurados) e, diferentemente da análise descritiva, a análise de sobrevivência só é interessante se os sujeitos não atingiram o evento, em outras palavras, ainda não morreram.

Claro que, além de na área médica e de previdência, é possível utilizar o método em outros casos, como para:

- determinar o tempo médio em que os licenciados e não licenciados demoram para encontrar um cargo, ou ainda o tempo que eles permanecem no emprego etc. – neste caso, o evento se refere a encontrar um cargo;
- determinar o tempo médio de um estoque para ser vendido – nesse caso, o evento é o produto vendido;
- estimar o tempo de produção de um produto até a máquina sofrer avarias ou manutenção;
- analisar prazos de reembolso de empréstimo;
- avaliar a rentabilidade de apólices de seguros para determinar os prêmios destas;
- avaliar o tempo médio que uma pessoa leva para casar e quanto tempo dura esse casamento – nesse caso, o divórcio é o evento.

O método Kaplan-Meier se baseia em uma função de distribuição temporal (também denominada *distribuição de sobrevivência*), que permite realizar uma estimativa sobre o tempo de vida de um indivíduo em determinadas idades. Esse fato facilita a análise quando o atuário precisa trabalhar com indivíduos que não atingiram certo evento, como a morte deles, por exemplo – ou seja, essas observações são censuradas.

Mas o que seriam considerados eventos não censurados nesse momento?

Podemos afirmar que seriam aquelas situações em que o evento não aconteceu; ou quando o indivíduo desistiu de um tratamento e deixou de ser acompanhado; ou quando foi realizada algum tipo de intervenção que modificou a expectativa de se aproximar do evento (na área médica, poderíamos citar uma pessoa que, durante o tratamento cardíaco, acabou descobrindo um câncer); ou ainda quando o indivíduo atinge o evento, mas sem que este seja relacionado ao estudo (um exemplo poderia ser uma pessoa estudada por causa de certa doença, mas que vem a óbito devido a um acidente de trânsito).

Graficamente, os dados que são censurados são representados por estrelas, asteriscos ou, mais comumente, pelo símbolo de soma "+".

Falando agora de sua forma matemática, temos que o estimador de Kaplan-Meier é do tipo que estima a verossimilhança. Ele é dado por:

Equação 1.3

$$\hat{S}(t) = \prod_{t_i < t} \frac{n_i - d_i}{n_i}$$

Em que n_i é o número de indivíduos sobreviventes imediatamente antes de tempo t, se não houver censura. Caso haja a censura, podemos considerar que n_i é o número de sobreviventes subtraído do número de casos censurados, ou seja, aqueles indivíduos que continuam participando da observação, ou ainda podemos afirmar que são os indivíduos que ainda correm "risco de morte".

Outra forma de utilização do estimador é vendo-o como estatística, utilizando-o como aproximação nos casos de variância. Um dos estimadores mais comuns que variam dele é o de Greenwood, dado por:

Equação 1.4

$$\widehat{\mathrm{Var}}\left(\hat{S}(t)\right) = \hat{S}(t)^2 \sum_{t_i < t} \frac{d_i}{n_i(n_i - d_i)}$$

1.3 Funções de probabilidade de vida S(x) e morte F(x) associadas

Agora que já vimos as funções de morte e sobrevivência, vamos ver aqui que é possível calcular as probabilidades de um indivíduo morrer ou sobreviver a um evento. Utilizando-se das leis de probabilidade, com o auxílio de um pouco de álgebra, podemos calcular a probabilidade de o indivíduo morrer ou sobreviver entre idades determinadas. Assim, tomando x como o tempo inicial, ou seja, supondo que o indivíduo estava vivo neste momento, como z a probabilidade de ele morrer e y a probabilidade de ele estar vivo, podemos escrever a seguinte relação:

Equação 1.5

$$P(x < X \leq z) = F(z) - F(x)$$

Com um pouco de algebrismo, podemos escrever:

Equação 1.6

$$P(x < X \leq z) = \left[1 - S(z)\right]$$

Equação 1.7

$$P(x < X \leq z) = S(x) - S(z)$$

Com isso, vamos substituir as Equações 1.6 e 1.7 na Equação 1.5, e obteremos:

Equação 1.8

$$P(x < X \leq z \mid X > x) = \frac{F(z) - F(x)}{1 - F(x)}$$

E teremos:

Equação 1.9

$$P(x < X \leq z \mid X > x) = \frac{[1 - S(z)] - [1 - S(x)]}{1 - [1 - S(x)]}$$

Ou ainda:

Equação 1.10

$$P(x < X \leq z \mid X > x) = \frac{S(x) - S(z)}{S(x)} = 1 - \frac{S(z)}{S(x)}$$

Mas essas relações atendem as ideias no campo atuarial? Infelizmente, diretamente, não. Então, vamos usar alguns artifícios para atender as convenções da International Actuarial Association's Permanent Comitee on Notation, segundo Forfar, McCutcheon e Wilkie (1988).

Assim, vamos reescrever os termos utilizando para a probabilidade de morte e sobrevivência a nomenclatura que já conhecemos: $_n q_x$ para representar a probabilidade do indivíduo de *x* anos falecer antes de completar a idade x + n; e $_n P_x$ para representar a probabilidade de o indivíduo de *x* anos sobreviver até completar a idade de x + n, e assim teremos a expressão:

Equação 1.11

$$_n q_x = 1 - {_n P_x}$$

Ou ainda, utilizando os conceitos de probabilidade condicional, podemos expressar:

Equação 1.12

$$_n P_x = \frac{S(x + n)}{S(x)}$$

Também podemos expressar a probabilidade de sobrevivência de um indivíduo, ou seja, a probabilidade de ele estar vivo em certa idade, definindo como l_x o número de pessoas vivas com idade x, e l_{x+1} o número de pessoas vivas com idade de $x + 1$. Então, podemos escrever que a probabilidade de sobrevivência de um indivíduo seria:

Equação 1.13

$$P_x = \frac{l_{x+1}}{l_x}$$

Veja o exemplo a seguir.

Exercício resolvido

Suponha uma pessoa de 40 anos. Qual seria a probabilidade de essa pessoa sobreviver até os 41 anos, sabendo que, na amostra, há 65400 pessoas vivas de 40 anos e 65000 pessoas vivas de 41 anos? (Valores hipotéticos para um grupo de pessoas analisadas)

Vejamos a resolução. Utilizando:

Equação 1.14

$$P_x = \frac{l_{x+1}}{l_x}$$

$$P_x = \frac{l_{51}}{l_{50}} = \frac{65\,000}{65\,400} = 0,993883792\ldots$$

Ou seja, a probabilidade de esse indivíduo sobreviver de 40 para 41 anos é de aproximadamente 99,38%.

Seguindo essa mesma ideia, podemos pensar sobre o número de pessoas mortas para certo intervalo de idades. Ela também é dada em função de l_x e l_{x+1}, da seguinte forma:

Equação 1.15

$$d_x = l_x - l_{x+1}$$

Suponha os mesmos valores do exemplo anterior, teremos:

$$d_x = l_x - l_{x+1} = 65\,400 - 65\,000 = 400$$

Podemos afirmar que 400 pessoas foram a óbito, nessa amostragem, nas idades de 40 para 41 anos.

Para finalizar, vamos à probabilidade de morte, retomando a Equação 1.11. Se lembrarmos que ela é dada por:

$$_nq_x = 1 - {_nP_x}$$

Vamos ter, para os dados do exemplo inicial:

$$_nq_x = 1 - 0{,}993883792 = 0{,}000611$$

E assim podemos afirmar que a probabilidade de morte entre as idades de 40 para 41 anos é de 0,61%.

1.4 Tábua de mortalidade

A tábua de mortalidade, também chamada de *tábua de vida* ou *tábua atuarial*, é basicamente uma tabela utilizada para realizar cálculos de seguro de vida e planos de previdência (pública ou privada), além de servir para calcular a probabilidade de vida e/ou morte de um indivíduo, levando em consideração principalmente a idade.

Assim, como podemos ver em Preston, Heuveline e Guillot (2001), a tábua de mortalidade é uma tabela que mostra informações sobre a mortalidade, e nela é possível encontrar informações como: média de idade de determinada região; número de pessoas de determinada idade em determinada região; taxas de mortalidade; mortes em intervalos de tempo etc.

1.4.1 Origens da tábua de mortalidade

Segundo Viana (2018), alguns estatísticos afirmam que houve uma tentativa de se construir uma tábua de mortalidade pelos islâmicos em cerca de 1447, mas a tentativa mais aceita foi a de John Graunt (1620-1674), comerciante inglês de Londres, em 1662, ao publicar seu livro *Observações naturais e políticas sobre os registros de óbito*, no qual foram reunidos dados de nascimentos e mortes durantes os anos de 1604 a 1661. No livro, além dos dados, Graunt se preocupou em demonstrar a importância de se conhecer e analisar as informações.

Veja a Figura 1.3, que mostra como eram escritas as primeiras tábuas de mortalidade.

Figura 1.3 – Primeiras tábuas de mortalidade

SEMANA DE 11-18 DE ABRIL DE 1665   SEMANA DE 12-19 DE SETEMBRO DE 1665

Fonte: Bernstein, 1997, citado por Tábuas..., 2023.

Ainda segundo Viana (2018), outro personagem importante para o nascimento da ideia das tábuas de mortalidade foi Edmund Halley (1656-1742), que, se utilizando do trabalho de Graunt, no final do século XVII, aprofundou os estudos e verificou que, como se decompõe em faixa etária, a tabela poderia até mesmo ser utilizada para saber quantos homens estavam aptos ao serviço militar. Halley publicou seus estudos em 1693, porém governos e seguradoras passaram a utilizá-los apenas quase um século depois.

1.4.2 Classificação das tábuas de mortalidade

Para Bernstein (1997), as tábuas de mortalidade, por causa das suas especificidades, contemplam parcialmente os dados relevantes para cada situação:

- **Contemporâneas** – São utilizadas informações de população fictícia para certo período de tempo. A estimativa normalmente é calculada para números médios de 100 mil pessoas e considera as condições de mortalidade para cada idade nesse período.
- **Longitudinais** – Chamadas também de *geracionais*, são baseadas em um grupo de indivíduos que nasceram em um mesmo período (ano, por exemplo). Para que o cálculo seja correto, é necessário considerar o tempo até a morte do indivíduo.

- **Completas** – São utilizados intervalos de idade. Os cálculos são do tipo anual, sendo considerado o tempo do nascimento até os 80 anos.
- **Abreviadas** – São utilizadas as mesmas ideias das tábuas completas, porém os intervalos de tempo são diferentes.
- **Selecionadas** – São realizadas utilizando a probabilidade pela seleção de idade de cada indivíduo.
- **Finais** – São utilizadas as informações da última coluna da tábua e o período de tempo já não impacta mais na mortalidade.
- **Estáticas** – São realizadas apenas sobre uma determinada idade.
- **Dinâmicas** – São utilizadas informações de idade biológica e tempo cronológico (linhas) por ano (colunas).

1.4.3 Composição de tábua de mortalidade

As tábuas de mortalidade são compostas normalmente por dez colunas, sendo a primeira sempre a idade (x). Já a segunda coluna indica a probabilidade de morte para cada idade $(x + n)$, normalmente representada por q, que é calculada utilizando a relação entre o úmero de óbitos no intervalo da idade em questão e representada por $_nD_x$. Já o total de indivíduos nesse intervalo de idade em questão é representado por $_nl_x$. Observe:

Equação 1.16

$$_nq_x = \frac{_nD_x}{_nl_x}$$

A partir da terceira coluna não há um rigor quanto à ordem das informações, mas vamos aqui verificar algumas das colunas de maior importância e como obtê-las.

É necessário, para a maioria dos outros cálculos, ter a informação de uma coluna $_nL_x$, que representa o número de indivíduos/ano que viveram entre as idades x e $x + n$. Lembrando sempre que é uma população hipotética, podemos escrever:

Equação 1.17

$$_nL_x = n \cdot {_nl_{x+n}} + {_nA_x}$$

Em que o termo $_nA_x$ representa o número de indivíduos/ano no intervalo considerado pelos membros da população que morreram nesse intervalo. Podemos escrever, então, que:

Equação 1.18

$$_nD_x = L_x - L_{x+t}$$

Uma coluna importante é a coluna que informa o tempo médio vivido no intervalo de idade quando comparada aos indivíduos que morreram no mesmo intervalo de idade. Ela é representada por $_na_x$ e obtida por meio da divisão do número de indivíduos/ano vivos pelo total de pessoas que morreram nesse intervalo:

Equação 1.19

$$_na_x = \frac{_nL_x}{_nD_x}$$

Mais uma coluna relevante é a que representa o tempo a ser vivido pela população de determinada idade até que essa população acabe. Ela é calculada por:

Equação 1.20

$$T_x = \sum_{t=0}^{\infty} L_{x+t}$$

E, por fim, utilizando as ideias das colunas anteriores, é possível calcular a esperança de vida de determinada idade:

Equação 1.21

$$e_x^o = \frac{T_x}{l_x}$$

Com esses dados todos organizados em forma de tabela, pode-se compor dados muito úteis para vários campos de pesquisa. Veja na Tabela 1.1.

Tabela 1.1 – Tábua de mortalidade do IBGE – ambos os sexos (2016)

Idades Exatas (X)	Probabilidades de Morte entre Duas Idades Exatas Q (X, N) (Por Mil)	Óbitos D (X, N)	(X)	L (X, N)	T(X)	Expectativa de Vida à Idade X E(X)
20	1,380	135	97665	97598	5611172	**57,5**
21	1,477	144	97530	97458	5513574	**56,5**
22	1,543	150	97386	97311	5416116	**55,6**
⋮	⋮	⋮	⋮	⋮	⋮	⋮

Fonte: IBGE, 2017, p. 16, grifo do original.

Ainda é possível encontrar algumas outras funções que podem compor uma tábua. Assim, na Tabela 1.2 a seguir, vamos citar algumas dessas funções, bem como suas notações. Desse modo, teremos uma forma mais organizada de pesquisa, caso seja necessário.

Tabela 1.2 – Tabela de resumo das funções de mortalidade utilizadas para construção de tábuas de mortalidade e outros cálculos

Notação usual	Descrição da função (idade x sempre em anos)
l_x	Pessoas com idade x observadas
$_nL_x$	Pessoas com idade entre x e $x + n$ observadas. Obs.: $[x; x + n[$
$_nd_x$	Óbitos ocorridos para idades entre $[x; x + n[$ observados
$_nq_x$	Probabilidade de óbito para as idades entre $[x; x + n[$ observados, para sobrevividos até idade exata de x
$_np_x$	Probabilidade de sobrevivência para as idades entre $[x; x + n[$ observadas, para sobrevividos até idade exata de x
T_x	Pessoas-anos vividos pela população do grupo a partir de idade x
e_x	Média de anos vividos por indivíduo do grupo a partir de idade x
$_nf_x$	Fator de separação
μ_x	Taxa de mortalidade instantânea

1.4.4 Principais tábuas utilizadas mundialmente e no Brasil

Por muito tempo, no Brasil, foram utilizadas tábuas de mortalidade americanas. As mais comuns eram AT-1949, AT-1983 e AT-2000.

Foi somente então em 1999 que tábuas de mortalidades brasileiras foram construídas e disponibilizadas pelo Instituto Brasileiro de Geografia e Estatística (IBGE), para cumprir o art. 2º do Decreto n. 3.266, de 29 de novembro de 1999:

> Art. 2º Compete ao IBGE publicar, anualmente, até o dia primeiro de
> dezembro, no Diário Oficial da União, a tábua completa de mortalidade
> para o total da população brasileira referente ao ano anterior. (Brasil, 1999)

Dessa forma, é possível obter cálculos na área atuarial com maior precisão para a nossa população, pois esses dados são levantados considerando as condições sociais desta (sanitárias, de saúde, segurança etc.).

Como as tábuas foram afetadas pela questão da covid-19? Mesmo não se conhecendo todos os dados nem uma tábua de mortalidade anterior, é de se prever que os anos de 2020 e 2021 tenham uma taxa de mortalidade muito maior do que os anos anteriores. Mas também se espera que essa modificação não se mantenha com o fim da pandemia. Sendo assim, vale ressaltar que, após o controle da pandemia, deverão ser utilizadas tábuas de mortalidade projetadas a longo e médio prazos, por causa dessa alteração atípica (IBGE, 2021).

Veja, nos Anexos ao final deste livro, as tábuas de mortalidade para ambos os sexos, mulheres e homens, respectivamente, para 2020 no Brasil, divulgadas pelo IBGE (2021).

1.5 Força de mortalidade

A força de mortalidade é uma função que descreve o risco de morte em certa idade de uma população. De maneira mais formal, podemos dizer que ela é a probabilidade instantânea de morte em certa idade condicionada à sobrevivência. Sendo assim, ela é equivalente à taxa de falha na área da engenharia, sendo utilizada para o cálculo de indicadores sintéticos de mortalidade, incluindo a expectativa de vida, derivados das tábuas de mortalidade.

Mas, matematicamente, como isso ocorre? Infelizmente, os cálculos dessa fase não são mais triviais, envolvendo uma matemática um pouco mais rebuscada, mas possível.

A força de mortalidade é um tipo de função contínua e positiva, pois estamos falando de uma variável dependente do tempo, e geralmente é considerada observável. Quando é caracterizada como não observável, define-se a lei de probabilidade, que depende das taxas de mortalidade discretas. Sendo assim, e levando em consideração que nesse caso se está buscando o número de óbitos por faixa etária, podemos considerar essa força de mortalidade como uma **distribuição de Poisson**, em que o parâmetro é uma integral ao longo do tempo e que depende do produto da força de mortalidade e da população que corre o risco dentro da faixa etária estudada.

> O QUE É
>
> A **distribuição de Poisson** é um tipo de demonstração estatística que demonstra a probabilidade de algo (evento) ocorrer em determinado intervalo de tempo.

Como a força de mortalidade mede a intensidade da morte instantânea, ela expressa uma probabilidade condicional de um indivíduo (x) ir a óbito, e ele deve estar entre uma idade x e z, pois a sobrevivência o levou até a idade x. Assume-se que há um intervalo $(z - x)$ e este tende a zero, ou:

Equação 1.22

$$\mu_x = \lim_{z \to x^+} \frac{F_x(z) - F_x(x)}{1 - F_x(x)} = -\frac{s'(x)}{s(x)}$$

Como mencionamos anteriormente, também é possível trabalhar com a ideia de taxa de falha, quando são realizadas análises de sobrevivência e confiabilidade. Então, temos formas equivalentes de expressar essa equação:

Equação 1.23

$$_tq_x = \int_0^t {}_tp_x \mu_{x+s} ds$$

Equação 1.24

$$_tp_x = \exp\left(-\int_0^t {}_t\mu_{x+s} ds\right)$$

É importante observar que, utilizando essa relação, pode-se estimar a força de mortalidade com base nas taxas de mortalidades observadas, ou, ainda, simular taxas de mortalidade discretas, se for tomada como base a força de mortalidade arbitrária.

Para saber mais

Caso queira saber mais sobre a ação de um atuário, você pode acessar os seguintes *sites*:
IBA – Instituto Brasileiro de Atuária. Disponível em: <https://atuarios.org.br>. Acesso em: 20 nov. 2022.
SUSEP – Superintendência de Seguros Privados. Disponível em: <https://www.gov.br/susep/pt-br>. Acesso em: 20 nov. 2022.

Para conhecer mais sobre tópicos de Previdência Social, consulte:
IYER, S. **Matemática atuarial de sistemas de previdência social**. Tradução de Paulo Estevão Tavares Cavalcante. Brasília: MPAS, 2002. (Coleção Previdência Social, Série Traduções, v. 16). Disponível em: <http://sa.previdencia.gov.br/site/arquivos/office/3_081014-111358-623.pdf.> Acesso em: 22 nov. 2022.

No *link* indicado a seguir, você terá acesso a um material que trata da utilização de *softwares* como auxílio da matemática atuarial.
GONÇALVES, T. F. de M. **Matemática atuarial**: proposta de uma aplicação de software para o cálculo de prêmios de seguro e anuidades aleatórias. 39 f. Trabalho de Conclusão de Curso (Graduação em Ciências Atuariais) – Universidade Federal de Pernambuco, Recife, 2019. Disponível em: <https://www.ufpe.br/documents/39362/3368509/TCC-+Thom%C3%A1s.pdf/1f8b8706-771d-492c-8959-fc19c33aae79>. Acesso em: 22 nov. 2022.

Síntese

Neste capítulo, trouxemos a definição de estatística atuarial, que, resumidamente, podemos explicar como sendo uma ciência que se utiliza de técnicas da matemática para resolver problemas na área de risco no âmbito de seguros, estatais ou privados. Também apresentamos a história e a evolução dessa área da estatística e tratamos da profissão de atuário. Em seguida, definimos as principais funções envolvidas nessa ciência, bem como a construção de uma tábua de mortalidade, instrumento muito importante para a realização desses cálculos. Finalmente, falamos sobre a força de mortalidade.

Questões para revisão

1) Observe o gráfico a seguir, que representa uma curva de sobrevivência:

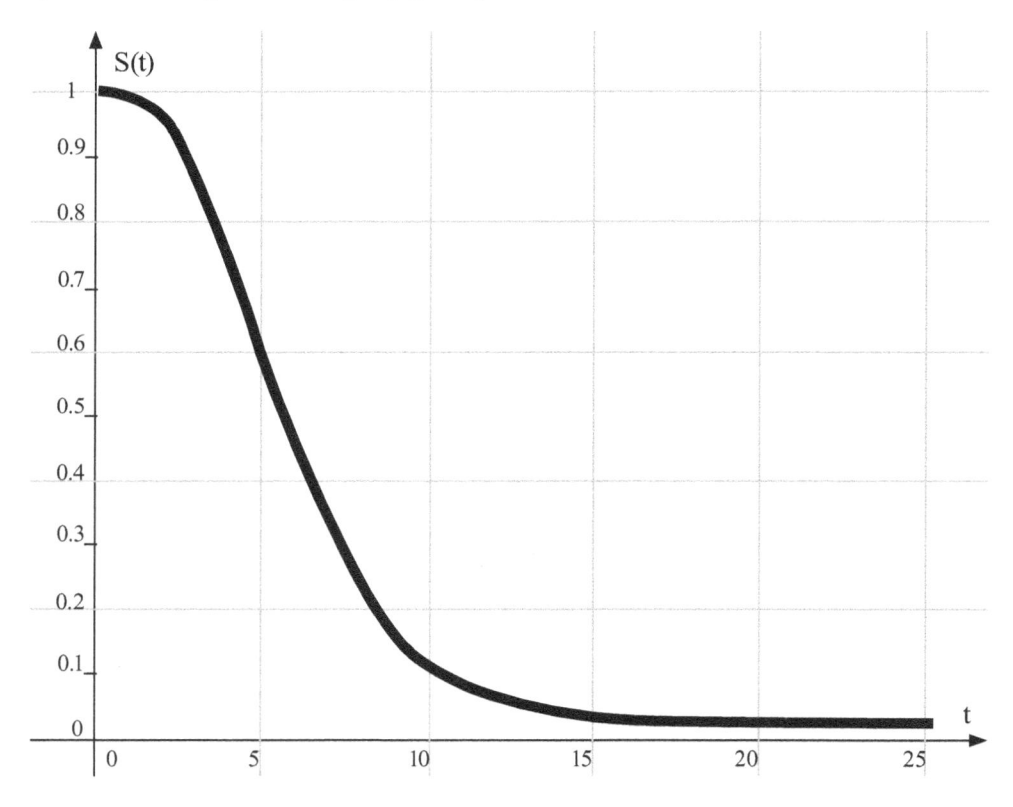

Analisando a curva, qual será a probabilidade de um indivíduo sobreviver mais do que 10 dias? Qual o tempo mediano de sobrevivência? Qual o tempo em que 80% dos indivíduos ainda estariam vivos?

2) Quando falamos em ciências atuariais como um todo, devemos nos lembrar que elas nasceram em meados do século XIX, na Inglaterra. Nessa época, elas se desenvolveram basicamente para cálculos de expectativa de vida, que, posteriormente, seriam utilizados para programação de gastos com aposentadorias e pensões. Refletindo sobre esse assunto, podemos afirmar que são conhecimentos fundamentais para um bom desenvolvimento nessa área:

   a. princípios de incerteza, história da atuária, objetos e objetivos de estudo na atuária.
   b. funções e definições em atuária, história da atuária, objetos e objetivos de estudos na atuária.
   c. definições em atuária, equilíbrio financeiro, objetos e objetivos de estudos na atuária.
   d. equilíbrio financeiro, tábuas de mortalidade, objetos e objetivos de estudos na atuária.
   e. história da atuária e equilíbrio financeiro.

3) Sabemos que, dentro da estatística e de outras ciências que envolvem conceitos matemáticos, são utilizados artifícios e modelos para facilitar os cálculos. Sendo assim, responda: De que se trata a distribuição de Poisson e por que ela é utilizada para os cálculos da força de mortalidade?

4) Imagine um grupo de indivíduos vivos, com idade de 36 anos, com 520 355 indivíduos. Para essa mesma pesquisa, temos 520 mil indivíduos de 38 anos. Quais serão, respectivamente, a probabilidade de sobrevivência e a probabilidade de morte desses indivíduos, passando da idade de 36 para 38 anos?

   a. 0,07% e 99,93%.
   b. 1,00068 e 0,00068%.
   c. 99,93% e 0,07%.
   d. 93,33% e 7,77%.
   e. 99,33% e 0,068%.

5) Sobre as tábuas de mortalidade, analise as afirmações a seguir.

   I. Os cálculos adotados para se obter a esperança de vida ao nascer, também denominada *vida média*, são os mesmos adotados para se obter a expectativa de vida para a idade máxima que esse mesmo indivíduo conseguirá atingir.
   II. A probabilidade de um indivíduo de 35 anos, dentro de certa amostra, sobreviver à idade de 60 anos é dada pela fórmula $\dfrac{1-l_{60}}{l_{35}}$.

III. Fazem parte das chamadas *hipóteses biométricas* a invalidez, a morbidez e a mortalidade.
IV. Tábuas de mortalidade são imprescindíveis para cálculos de demografia e previdência social.

É correto o que se afirma em:

a. I e III.
b. I e IV.
c. II e III.
d. III e IV.
e. II e IV.

Questões para reflexão

1) O atuário pode trabalhar em diversas áreas, mas será que uma pessoa que trabalha com gerenciamento de riscos para empresas de fundo de pensão deve ter os mesmos conhecimentos na área do que uma pessoa que realiza cálculos de parcelas e prêmio de seguros de automóveis, por exemplo? Reflita sobre quais quesitos da matemática atuarial cada um dos profissionais deve aprofundar seus conhecimentos em caso de resposta negativa.

2) Sabemos que as tábuas de mortalidade levam em consideração, durante sua construção e seus cálculos, quesitos como educação, saúde, saneamento etc. Também vimos que a tábua é utilizada de forma nacional. Como é possível minimizar, então, as grandes diferenças que temos, nesse sentido, entre as regiões do Brasil?

3) Considerando a quantidade de pessoas vivas em certa população, a probabilidade de sobrevivência é maior para a idade de 30 ou 35 anos?

CONTEÚDOS DO CAPÍTULO

- Principais leis de mortalidade.
- Idéias relacionadas às leis de mortalidade.
- Análise de casos por meio das taxas de mortalidade.

APÓS O ESTUDO DESTE CAPÍTULO, VOCÊ SERÁ CAPAZ DE:

1. reconhecer as leis de mortalidade e as funções que as descrevem;
2. identificar a utilização da lei da mortalidade de De Moivre;
3. indicar as aplicações da lei da mortalidade de Gompertz;
4. compreender a lei de mortalidade de Makeham;
5. relacionar outras leis de mortalidade não tão comuns.

2

Leis de mortalidade

As leis da mortalidade são funções que descrevem a mortalidade dentro de um intervalo de idade determinado e levando-se em consideração um conjunto de parâmetros, ou seja, elas buscam explicar, de forma analítica, como é o comportamento de uma população ou de um indivíduo em relação a sua sobrevivência e sua mortalidade.

Podemos também definir as leis da mortalidade como sendo modelos que têm por objetivo estimar alguns parâmetros, como a mortalidade, a sobrevida ou o risco de morte de uma determinada idade.

Em suas publicações, Bowers et al. (1997) comentam que existem três principais motivos para esse estudo, de forma mais analítica, para as funções de mortalidade e/ou sobrevivência:

1. da filosofia, pois alguns autores utilizam argumentos biológicos, sugerindo que a sobrevivência é regida por uma lei equacionável;
2. da prática, pois são utilizadas estimativas em alguns eventos (parâmetros) para explicar o comportamento da mortalidade;
3. da facilidade, pois é possível prever a questão da mortalidade utilizando-se de poucos parâmetros.

Muitos foram os que buscaram encontrar uma equação, função ou lei para definir a trajetória da vida humana. Temos alguns nomes famosos nessa área, e são eles que, devido a tentativas bem-sucedidas de explicar esse fato, serão abordados mais profundamente neste capítulo. Vamos conhecê-los?

2.1 Lei de mortalidade de De Moivre

Segundo Silva (2010), Abraham De Moivre (1667-1754) foi o primeiro a modelar, em 1725, uma função matemática que buscasse explicar a função da sobrevivência. Nesse modelo, encontramos uma relação entre o número de indivíduos que sobrevivem uma certa idade (x) e quantos anos eles ainda sobreviveram após essa idade (w). Ele admite ainda no modelo que, após determinada idade, a vida, que podemos chamar aqui de *residual*, é distribuída uniformemente nos anos a seguir. Assim, podemos escrever:

Equação 2.1

$$S(x) = \begin{cases} 1 - \dfrac{x}{\omega} & x \in [0, \omega] \\ 0 & x > \omega \end{cases}$$

E como na versão original escrita por De Moivre foi utilizado w = 86 anos, podemos escrever:

Equação 2.2

$$S(0) = 1 - \dfrac{0}{w} = 1$$

Para x = w = 86

$$S(0) = 1 - \dfrac{86}{w} = 0$$

$$q_x = \dfrac{1}{86 - x}$$

Após analisar essa função, podemos afirmar que o modelo de De Moivre demonstra que existe um número constante de óbitos entre duas idades consecutivas, fazendo-nos perceber que toda idade tem a mortalidade igual, o que, se pensarmos em termos factuais, é muito difícil de aceitar.

■ **Exercício resolvido**

Suponha que a mortalidade de uma população seja dada pela Lei de De Moivre, com os seguintes parâmetros: ω = 100 e x = 0,04.

Sendo assim, calcule o valor de 50 000A₂,0.

■ **Resolução**

Temos como dados:

ω = 100 e x = 0,04

E sabemos que:

$$T_x = \dfrac{1}{\omega - x}, 0 \leq x \leq \omega$$

Sendo assim, teremos:

$$50\,000 \cdot A_{2,0} = 50\,000 \int_0^{80} e^{-0,04t} \cdot \dfrac{1}{80}\,dt$$

$$50\,000 \cdot 0{,}2997625 = 14\,988{,}13$$

Logo, o valor de 50 000A₂,0 é de 14 988,13.

2.2 Lei de mortalidade de Gompertz

Para Silva (2010), como matemático, Benjamim Gompertz (1779-1865), em 1825, trouxe uma proposta de modelo que parametriza a relação entre força de mortalidade e idade. Ele observou que a taxa de mortalidade aumenta de forma exponencial com a idade, depois do que ele define como *maturidade sexual*. Esse modelo é definido como:

Equação 2.3

$$\mu_x = B \cdot c^x$$

Aqui representamos a idade por x e temos algumas restrições: $B > 0$, $c \geq 1$ e $x \geq 0$.

Como comentado, Gompertz percebeu que a taxa crescia exponencialmente, razão por que vamos utilizar a escala logarítmica na Equação 2.3, obtendo, assim:

Equação 2.4

$$\log(\mu_x) = \log B + x \log c$$

Ainda chamando $\log B = \alpha$ e $\log c = \beta$, poderemos reescrever a Equação 2.4, obtendo uma nova equação que satisfaz $\alpha \in \Re$ e $\beta \geq 0$.

Muito tempo após essa definição, Turra e Starosta (2006) perceberam a dependência biológica da idade com o ambiente e construíram uma tabela com esses parâmetros. Veja o Quadro 2.1.

Quadro 2.1 – Parametros de modelo de Gompertz segundo a dependência biológica

Parâmetro	Definição	Representação	Relação com idade	Relação com ambiente
$B = \exp \alpha$	Hostilidade do meio ambiente	Risco ambiental e riscos competitivos	Independente	Dependente
$\log c = \beta$	Taxa exponencial de mortalidade	Risco ambiental	Dependente	Dependente

Fonte: Elaborado com base em Turra; Starosta, 2006.

Quando falamos de *taxas de mortalidade*, podemos subdividi-las em duas: as paramétricas e as não paramétricas. Os modelos paramétricos são os mais utilizados na literatura, como se pode ver em Debón, Montes e Sala (2005) e em Forfar, McCutcheon e Wilkie (1988). As funções do tipo paramétricas são baseadas nas taxas de mortalidade e seu principal objetivo é calcular ou estimar a mortalidade, a sobrevida ou o risco de morte para determinada idade em determinado local.

> **O QUE É**
>
> Os **métodos não paramétricos**, segundo Pérez (2021), são utilizados para designar qualquer inferência estatística que, por definição, possui algumas propriedades, e estas, por sua vez, "exigem poucas suposições sobre as populações subjacentes das quais os dados são obtidos".

Mas, em 1825, Gompertz verificou em seus cálculos que a taxa de mortalidade cresce de forma exponencial, e depois desses estudos propôs um novo modelo relacionando a força de mortalidade (φ_x) com a idade, resultando na seguinte expressão:

Equação 2.5

$$\varphi_x = \alpha \exp(\beta x)$$

Sendo $\alpha > 0$ e $\beta > 0$. Nesse caso, α representa um parâmetro de escala de nível de mortalidade adulta e β é o risco de mortalidade aumentando com a idade.

Segundo Neves (2005), tanto o modelo de Gomperzt quanto o modelo de Makeham (que será abordado no próximo item) são modelos que utilizam as ideias de hierarquia bayesiana, ou seja, trabalham com a graduação das taxas brutas de mortalidade, que, por sua vez, são funções da força de mortalidade. Assim sendo, o objetivo final desses modelos é o cálculo da probabilidade de morte.

2.3 Lei de mortalidade de Makeham

Após certo tempo, William Matthew Makeham (1826-1891), ao estudar o modelo de Gompertz, verificou que ele não era adequado quando se fazia necessário incluir parâmetros de morte em idades avançadas, incluindo, então, a constante α_1, que representa esse parâmetro. Pode-se fazer a diferenciação entre os dois modelos pelo simples fato de que Makeham adiciona uma função de sobrevivência em seus cálculos, sendo então considerada realmente uma lei de mortalidade. E assim o modelo passou a ser chamado de Gompertz-Makeham (GM) e pode ser escrito como:

Equação 2.6

$$\mu_x = \alpha + B \cdot c^x$$

Sempre com $\alpha \geq 0, \beta > 0, c \geq 1, x \geq 0$. Lembrando que x é a representação da idade em anos.

Ao trabalharmos similarmente ao modelo de Gompertz, na sua forma exponencial, teremos:

Equação 2.7

$$\varphi_x = \alpha_1 + \alpha_2 \exp(\beta x)$$

Com $\alpha > 0$ e $\beta > 0$.

2.4 Outras leis de mortalidade

As leis de mortalidade vistas anteriormente são as mais conhecidas e utilizadas. A seguir serão comentadas mais algumas possibilidades de leis e modelos envolvendo a mortalidade que, em geral, são menos utilizados, mas ainda assim bastante úteis.

2.4.1 Modelo de Thiele

Em 1872, Thorvald Nicolai Thiele (1838-1910) trabalhou em seu modelo de mortalidade, sugerindo uma parametrização para qualquer idade do indivíduo considerado. Ele ainda dividiu as causas de morte em três principais casos, dados em ordem de influência nos cálculos:

- mortalidade infantil;
- mortalidade juvenil;
- mortalidade adulta.

Assim, podemos escrever a lei de mortalidade de Thiele como sendo:

Equação 2.8

$$\mu_x = \alpha_1 \exp(-\beta_1 x) + \alpha_2 \exp\left(-\frac{1}{2}\beta_2(x-\xi)^2 + \alpha_3 \exp(\beta_3 x)\right)$$

Para $x \geq 0$, α_i e, $\beta_i > 0$, $i = 1, 2, \ldots, \alpha_3, \beta_3$, e $\xi \geq 0$.
De uma forma mais simples para a análise, podemos escrever:

Equação 2.9

$$\mu_x = Ae^{-Bx} + Ce^{-D(x-E)^2} + FG^x$$

Agora podemos analisar e afirmar que o primeiro termo $\left(Ae^{-Bx}\right)$ se refere à mortalidade infantil; o segundo termo mortalidade causada $\left(Ce^{-D(x-E)^2}\right)$, à mortalidade causada por fatores externos; e, finalmente, o terceiro e último termo $\left(FG^x\right)$ refere-se à lei de Gompertz para idades avançadas.

2.4.2 Modelo de Perks

Esse modelo foi apresentado pelo britânico Wilfred Perks (1890-1941), da área de atuária, em 1932, que apresentou sua versão baseada ainda nas ideias de Gompertz sobre a lei de mortalidade. Ele analisou em seu trabalho o fato de que a função μ_x não sofrerá aumentos indefinidos como aumento da idade do indivíduo, ou seja, existe uma desaceleração da mortalidade, que ele verificou ocorrer a partir dos 84 anos. Então, ficamos com uma expressão do seguinte tipo:

Equação 2.10

$$\mu_x = \frac{A + Bc^x}{1 + Dc^x}$$

Santos (2011) explica que, nessa equação, o numerador é o caso proposto por Gompertz e Makeham, enquanto o denominador, que Perks acrescentou, atenua o crescimento exponencial do denominador, corrigindo a ideia para as idades mais avançadas.

2.4.3 Modelo Heligman-Pollard

Santos (2011) comenta que somente em 1980 surgiu um modelo, com Larry Heligman e Herbert George Pollard, que é considerado uma das tentativas mais recentes de se representar a mortalidade, de estrutura inicial parecida com o modelo de Thiele, ou seja, com as causas de morte divididas em três termos distintos de mortalidade.

A mortalidade segundo o modelo Heligman-Pollard pode ser descrita matematicamente como:

Equação 2.11

$$\mu_x = A^{(x+B)^C} + De^{-E(\ln x - \ln F)^2} + GH^x$$

Em que A, B e C são parâmetros a serem estimados e positivos. Esse então seria um modelo não paramétrico e foi utilizado pela primeira vez para se obter dados relativos à mortalidade pós-guerra da população australiana.

Segundo Bravo (2007), o modelo apresenta algumas vantagens em relação aos outros, como obter uma função contínua que pode ser aplicável em um intervalo $0 \leq x \leq \infty$ e ser utilizada amplamente em problemas relacionados à demografia e à biologia, uma vez que é bastante flexível para que se adapte a várias experiências diferentes e ainda que haja poucos parâmetros a serem considerados, pelo fato de a mesma função ser aplicável a qualquer idade desejada.

2.5 Análise de casos envolvendo as taxas de mortalidade

Existe, como comentado anteriormente, uma busca incessante em saber calcular o quanto uma pessoa irá viver, ou melhor, quando ela irá morrer, em termos estatísticos pelo menos. Sabemos também que existem muitos fatores envolvidos nessa questão, razão por que esse cálculo é tão complicado. Ambiente, alimentação, qualidade de vida como um todo modificam esses números de forma bastante corriqueira.

Algumas leis foram e são promulgadas a fim de que se obtenha uma maior taxa de sobrevivência dos indivíduos, das quais vamos citar duas. Em um primeiro momento, vamos falar sobre a proibição de cigarros em locais públicos, depois, vamos ver como a Lei Seca modificou esses parâmetros.

De 2000 a 2014, os estados brasileiros e o Distrito Federal começaram uma campanha gradativa para o fim do uso do cigarro em locais públicos, fechados ou com grande aglomeração de pessoas, visando à melhoria da qualidade de vida, tanto dos fumantes ativos quanto, principalmente, dos fumantes passivos.

Então, em 2014, o Decreto n. 8.262, de 31 de maio de 2014 (Brasil, 2014), regulamentou a lei que proíbe completamente o fumo em locais públicos fechados de uso coletivo, lei essa que veio a ser conhecida por *Lei do Ambiente Livre da Fumaça do Tabaco*.

Como é amplamente divulgado, o tabagismo pode causar várias doenças graves de pulmão, como asma, bronquite, pneumonia, e em casos mais especiais, o câncer.

Segundo dados do Instituto Nacional do Câncer (Inca, 2019), um estudo realizado em 2019 mostrou que cerca de 15 mil mortes de crianças foram evitadas no Brasil em decorrência dessa lei. O instituto ainda afirma que cerca de 10 mil vidas poderiam ter sido salvas se a lei fosse mais restritiva. Esses números são de crianças abaixo de 1 ano de idade, ou seja, a lei diminuiu em cerca de 5,2% a mortalidade infantil, pelo simples fato de as crianças estarem menos expostas à fumaça do fumo, além de que, como afirma o Inca, muitas grávidas, devido às restrições, acabaram por não utilizar o tabaco, ou ao menos diminuíram o consumo, durante a gestação.

Outro fato interessante que o Inca aponta nessa pesquisa é que essas taxas são maiores em municípios de maior pobreza e menor nível educacional.

E para quem ainda questiona sobre a questão de perda em arrecadação de impostos, eles trazem um número a ser analisado. O Brasil deixou de arrecadar, nos dois anos em que a pesquisa foi realizada, cerca de R$ 13 bilhões de reais em impostos sobre o cigarro. Porém, nesse mesmo período, foram gastos R$ 57 bilhões na área de saúde referentes a danos com o cigarro.

O segundo caso é sobre a chamada *Lei Seca* e seu impacto na mortalidade no Brasil.

Quando a Lei n. 11.705, de 19 de junho de 2008 (Brasil, 2008), conhecida como *Lei Seca* (LS-08), foi promulgada, o que se esperava era uma diminuição sobre a mortalidade por acidentes de trânsito no Brasil.

O que se viu nos 24 meses após essa promulgação, infelizmente, não foi bem isso. Segundo Nunes, Murta-Nascimento e Lima (2021), após a implementação da LS-08, houve a redução de mortalidade por acidentes de trânsito somente em Santa Catarina e no Distrito Federal; no Acre, no Amazonas, em Rondônia, no Maranhão, no Piauí, no Ceará, no Rio Grande do Norte, na Paraíba, em Pernambuco, Alagoas, Sergipe e no Mato Grosso houve aumentos significativos; enquanto os demais Estados permaneceram em estabilidade.

Mas porque essa lei não foi um sucesso? Sempre pensou-se que, ao evitar que as pessoas ingiram álcool e após conduzam um automóvel, evitar-se-ia acidentes causados pelo excesso de bebidas, ou pelo menos eles seriam menos graves e frequentes.

Sabemos que os acidentes de trânsito são um problema de saúde pública e as mortes são maiores entre os jovens. Segundo a Pesquisa Nacional de Saúde (IBGE, 2013), cerca de 3% da população brasileira se envolveu em acidentes de trânsito com lesões corporais no período da pesquisa feita pelo órgão (2013).

Afirmam Nunes, Murta-Nascimento e Lima (2021) que uma das causas para essa não redução na mortalidade é o fato de que a frota de automóveis vem aumentando ano a ano. Outro fator que os autores levantam é a municipalização do trânsito, que não ocorre de forma homogênea e diminui o poder de fiscalização da lei. E, finalmente, os autores citam as diferenças das engenharias de tráfego em cada unidade federativa.

Nesse sentido, podemos perceber que uma lei, quando baseada em fatos concretos de mortalidade, sobrevivência, expectativas de vida, entre outros fatores, pode ser muito útil para melhorar esses parâmetros, mas também pode simplesmente não fazer diferença significativa.

Exemplificando

É bastante frequente a utilização das leis de mortalidade para os cálculos relacionados ao número de mortes *per capita*, e, apesar da busca pelo desenvolvimento de diversos modelos e leis da mortalidade, até hoje não há ainda um modelo ou uma lei que descreva de forma universal a mortalidade, devido às diferenças desse parâmetro quando se leva em consideração sexo, local etc.

Para saber mais

Caso queira saber mais sobre os casos de mortalidade levantados, acesse o seguinte *link*:

INCA – Instituto Nacional de Câncer. **Estudo aponta que restrição de fumar em ambientes públicos evitou 15 mil mortes de crianças no Brasil de 2000 a 2016**. Rio de Janeiro, 31 maio 2019. Disponível em: <https://www.inca.gov.br/imprensa/estudo-aponta-que-restricao-de-fumar-em-ambientes-publicos-evitou-15-mil-mortes-de-criancas>. Acesso em: 4 jan. 2023.

Síntese

Neste capítulo, vimos as principais leis de mortalidade estudadas dentro da estatística atuarial, bem como relacionamos os principais parâmetros envolvidos na estimação da mortalidade, da sobrevivência, do risco de morte etc. Para isso, apresentamos as leis de mortalidade de De Moivre, de Gompertz, de Makeham, além dos modelos de Thiele, Perks, Heligman-Pollard etc. Para finalizar, vimos dois casos de leis que visavam à diminuição da mortalidade e se elas atingiram seus objetivos ou não.

Questões para revisão

1) Dentre os métodos citados a seguir, qual deles não é um método para calcular a lei de mortalidade?

   a. Lei de De Moivre.
   b. Lei de Makeham.
   c. Modelo de Thiele.
   d. Modelo Heligman-Pollard.
   e. Modelo de Beyer.

2) Sobre as leis de mortalidade, analise as afirmações a seguir.

   I. Para Gompertz, a força de mortalidade, μ_x, apresenta crescimento exponencial, $\mu_x = bc^x$, em que $b > 0, c > 1$ e $x \geq 1$, e a razão corresponde a c.

   II. No modelo Gompertz-Makeham, a força de mortalidade é acrescida da função de sobrevivência e dada por $\mu_x = \alpha + B \cdot c^x$.

   III. O modelo de mortalidade de Thiele, dado por $\mu_x = Ae^{-Bx} + Ce^{-D(x-E)^2} + FG^x$, é divido em três partes, sendo que o primeiro termo, (Ae^{-Bx}), refere-se à mortalidade infantil.

Assinale a alternativa que apresenta a resposta correta:

- **a.** As afirmativas I e II são verdadeiras.
- **b.** As afirmativas I, II e III são verdadeiras.
- **c.** Apenas a afirmativa I é verdadeira.
- **d.** Apenas a afirmativa II é verdadeira.
- **e.** Apenas a afirmativa III é verdadeira.

3) (Fundep – 2015 – HRTN MG) A taxa de mortalidade geral (ou coeficiente de mortalidade geral) é calculada da seguinte forma:

$$\text{taxa de mortalidade} = \frac{\text{número de óbitos no período}}{\text{população no meio do período}} \cdot 10^n$$

Sobre esse indicador de saúde, assinale a alternativa CORRETA.

- **a.** A principal vantagem da taxa de mortalidade geral é o fato de avaliar o risco de morrer conforme sexo, idade, raça, classe social, entre outros fatores.
- **b.** É útil para comparar a qualidade de vida entre diferentes países.
- **c.** É importante para medir a violência em diferentes regiões.
- **d.** É um indicador que mede o número de óbitos em uma população em um determinado período.

4) Qual a principal diferença entre a lei de mortalidade de Gompertz e a lei de mortalidade de Makeham?

5) Quando falamos do modelo de cálculo de mortalidade de Thiele, apresentamos a seguinte fórmula:

$$\mu_x = Ae^{-Bx} + Ce^{-D(x-E)^2} + FG^x$$

Explique com suas palavras o que cada termo dessa equação representa.

Questões para reflexão

1) Tratamos no final do capítulo sobre a Lei Seca e sua influência na mortalidade no Brasil. Depois de saber um pouco mais sobre o assunto, você se considera a favor ou contra essa lei? Por quê?

2) Existem outras leis de mortalidade que não foram citadas no capítulo. Faça uma pesquisa sobre elas e tente justificar porque foram deixadas de fora de nossa listagem.

Conteúdos do capítulo

- Conceitos de taxa de central de mortalidade.
- Conceito de esperança de vida especificamente no Brasil.
- Seguros de vida por sobrevivência
- Principais funções de comutação.
- Construção das tábuas de comutação.

Após o estudo deste capítulo, você será capaz de:

1. relacionar os conceitos de taxa de central de mortalidade;
2. explicar o conceito de esperança de vida;
3. elencar as ideias de esperança de vida aplicadas ao Brasil;
4. reconhecer os seguros de vida por sobrevivência;
5. identificar as principais funções de comutação;
6. aplicar as funções de comutação na construção das tábuas de comutação.

3

Taxas de mortalidade

3.1 Taxa central de mortalidade

A taxa central de mortalidade é calculada como a razão entre mortes em certa idade e população (viva) da mesma idade. Esses dados, geralmente, são colhidos em fontes diferentes, logo, é necessário fazer correções para utilizá-los para o cálculo da taxa.

Segundo Neves (2005), para o cálculo das taxas centrais brutas em um certo período, deve-se levar em consideração o número de mortes naquele período, representado por (d_x), e a quantidade central de indivíduos expostos ao risco de morte no mesmo período, indicado por (L_x). Assim, definimos a taxa (m_x) pela razão:

Equação 3.1

$$m_x = \frac{d_x}{L_x}$$

A função L_x é uma derivada de função básica encontrada nas tábuas de mortalidade. Escrevemos a função:

Equação 3.2

$$L_x \cong \frac{l_x + l_{x+1}}{2}$$

Nessa função, l_x é a quantidade de sobreviventes esperada para a idade x, e l_{x+1} é a quantidade esperada de sobreviventes para a idade $x + 1$, lembrando que esses dados se iniciaram em um corte hipotético com indivíduos com zero anos (l_0).

Quando falamos de taxas de mortalidade do tipo m_x, estamos falando de uma forma discreta das forças de mortalidade (φ_x), e elas se relacionam da seguinte forma:

Equação 3.3

$$m_x = \frac{\int_0^1 {}_n p_x \varphi_{x+n} dn}{\int_0^1 {}_n p_x dn}$$

Assim, caso a força de mortalidade seja constante para uma certa idade *x*, teremos que:

Equação 3.4

$$\varphi_{x+s} = \varphi_x, \forall\, 0 \leq s < 1$$

E a integral ficaria:

Equação 3.5

$$m_x = \varphi_x \frac{\int_0^1 {}_n p_x dn}{\int_0^1 {}_n p_x dn} \to m_x = \varphi_x$$

Além das relações com a força de mortalidade, as taxas centrais também se relacionam com as probabilidades de morte. Partindo da ideia que m_x varia de forma linear nos intervalos estudados (m, x + n), percebemos que a distribuição aparece de forma uniforme. E como definimos no capítulo anterior:

Equação 3.6

$$_n m_x = \frac{l_x - l_{x+n}}{{}_n L_x}$$

Supondo a linearidade, teremos:

Equação 3.7

$$_n m_x = \frac{l_x - l_{x+n}}{(l_x + l_{x+n})/2n} \to \frac{2\,{}_n q_x}{n(1 + {}_n p_x)}$$

Isolando ${}_n q_x$, obtemos:

Equação 3.8

$$_n q_x = \frac{2n\,{}_n m_x}{2 + n\,{}_n m_x}$$

Ainda, caso tenhamos n = 1, ficaremos com a seguinte expressão:

Equação 3.9

$$q_x = \frac{m_x}{1 + \dfrac{m_x}{2}}$$

Exercício resolvido

Sabendo que os números esperados de indivíduos vivos para as idade de 10, 11 e 12 anos são, respectivamente, $l_{10} = 100\,000$, $l_{11} = 99\,251$ e $l_{12} = 98\,505$, calcule as taxas centrais de mortalidade entre as idades de 10 e 11 anos.

Lembrando que $m_x = \dfrac{d_x}{l_x - 1/2\, d_x}$ e que $d_x = l_x - l_{x+1}$, teremos:

$$m_x = \frac{l_x - l_{x+1}}{l_x - 1/2\left(l_x - l_{x+1}\right)} = \frac{l_x - l_{x+1}}{l_x - \dfrac{1}{2} + 1/2\, l_{x+1}} = \frac{l_x - l_{x+1}}{\dfrac{l_x + l_{x+1}}{2}} = \frac{2(l_x - l_{x+1})}{l_x + l_{x+1}}$$

Com os valores dados substituídos, teremos para 10 anos:

$$m_{10} = \frac{2(l_{10} - l_{11})}{l_{10} + l_{11}} = \frac{2(100\,000 - 99\,251)}{100\,000 + 99\,251} = 0{,}007518$$

E para 11 anos:

$$m_{11} = \frac{2(l_{11} - l_{12})}{l_{11} + l_{12}} = \frac{2(99\,251 - 98\,505)}{99\,251 + 98\,505} = 0{,}007545$$

3.2 Esperança de vida

Esperança de vida, também mais comumente chamada de *expectativa de vida*, é um conceito bastante simples. Como a expressão já nos adianta, é o número esperado de anos que um recém-nascido viverá, caso sejam mantidas as condições de vida do indivíduo ao nascer.

Ouvimos muito falar que a expectativa de vida depende muito da qualidade de vida do indivíduo. E quais são os principais fatores para essa esperança de vida? A resposta é bastante simples, pois são basicamente os direitos que os cidadãos têm perante nossa Constituição: educação, saúde, assistência social, saneamento básico, segurança no trabalho, índices de violência; além de fatores que podem extrapolar esses direitos, como a ausência ou a presença de guerras e de conflitos internos etc.

Se pensarmos em termos históricos, essas condições variaram bastante, mas podemos afirmar que foi após a Revolução Industrial que realmente houve mudanças significativas. Foi nesse período, início do século XVIII, que tivemos um aumento da expectativa de vida no mundo, pois a partir desse momento histórico se iniciou um intensivo progresso da medicina, principalmente relacionado ao aumento da higiene pessoal e do saneamento básico. Por essa razão, tivemos um aumento significativo na densidade demográfica e, consequentemente, na esperança de vida em todo o mundo.

Podemos então interpretar essa ideia de longevidade da população como a representação de uma medida sintética da mortalidade desta, e essa medida aumenta com a melhoria de vida e saúde da população, algo relacionado com o nível de desenvolvimento de cada país, região etc.

Quando são feitas essas análises, podem e devem ser levadas em consideração as variações geográficas, temporais e a separação por gênero, pois são fatores que variam muito. Esses dados podem ser utilizados para avaliar os níveis de vida e saúde da população e, assim, subsidiar planejamentos de gestão e avaliação políticas em todas as áreas. É necessário salientar que, no Brasil, por suas dimensões continentais, deve-se levar em consideração suas diferentes regiões, pois cada uma delas possui características próprias e seria de certa forma insano pensar que as mesmas políticas deveriam ser aplicadas a lugares tão discrepantes.

Exemplificando

Se estudarmos as várias fontes de informação, como o Instituto Brasileiro de Geografia e Estatística (IBGE), por exemplo, poderemos obter informações em relação ao número de nascimentos no Brasil e, assim, verificar que esse número está diminuindo. Enquanto isso, também vemos que a expectativa completa de vida dos brasileiros tem aumentado, tornando a população mais longeva. Sendo assim, qual seria a definição correta de expectativa completa de vida?

A melhor definição para expectativa de vida completa, no Brasil e no mundo, é o número médio de anos que se espera que um indivíduo sobreviva desde o seu nascimento.

3.2.1 Esperança de vida no Brasil

As projeções de vida no Brasil, assim como no mundo, foram diretamente afetadas pela pandemia de covid-19. Mas as projeções do IBGE (2021), sem levar em consideração a pandemia, indicam que a expectativa de vida para os brasileiros seria em média de 76,8 anos em 2020. O IBGE ainda afirma que a expectativa de vida, sem a covid-19, teria crescido de 76,6 anos em 2019 para 76,8 anos em 2020, ou seja, aumentaria 2 meses e 26 dias. Pensando nos últimos 5 anos, a expectativa aumentou 1,3 anos, e pensando nos últimos 10 anos, houve um crescimento de 3,3 anos.

O IBGE (2021) ainda aponta uma discrepância entre os dados quando subdivididos entre homens e mulheres: homens têm esperança de vida ao nascer de 73,3 anos, enquanto mulheres têm sua esperança em 80,3 anos.

Para finalizar, o IBGE (2021) afirma que poderá ter dados mais precisos sobre a esperança de vida do brasileiro após o censo demográfico de 2022, mas sugere que a expectativa diminuiu em cerca de 4,4 anos por causa da covid-19.

3.3 Seguro por sobrevivência

Antes de falarmos diretamente sobre a ideia de seguro por sobrevivência, é importante lembrar que o mercado de seguros no Brasil ficou estagnado por um longo período, que foi marcado pela alta inflação. Esse mercado só começou a voltar a ter adeptos quando, em 1994, o Plano Real entrou em vigor e controlou a inflação, melhorando o poder de compra do brasileiro. Juntamente com o estímulo de benefícios fiscais, os seguros de vida vêm revelando desde então um aumento em seu mercado.

Você deve saber que existem leis que regulamentam a comercialização de seguros em geral. Com o seguro por sobrevivência não é diferente. O Conselho Nacional de Seguros Privados (CNSP), publicou a Resolução n. 49, de 19 de março de 2001 (Brasil, 2001d), que estabelece as regras de funcionamento, bem como os critérios para a operação dos seguros de vida com cobertura por sobrevivência, chamado de VGBL (Vida Gerador de Benefício Livre), que especifica os planos com benefício livre.

Após essa resolução, outras normas foram adicionadas, como as Resoluções n. 78 e n. 80 de 2002, do Conselho Federal de Biomedicina (CFBM, 2002a, 2002b), e a Circular n. 445, de 2 de julho de 2012 (Brasil, 2012), da Superintendência de Seguros Privados (Susep).

Ainda existem algumas outras espécies de seguro de vida com cobertura por sobrevivência, como o VAGP (Vida com Atualização Garantida e Performance) e o VRGP (Vida com Remuneração Garantida e Performance).

Geralmente, o seguro de vida com cobertura por sobrevivência é comparado com os planos de previdência, mas sua estrutura é um pouco diferente. Para a previdência, é oferecido o abatimento dos valores das contribuições do imposto de renda, respeitando o limite de 12% (determinação do art. 11 da Lei n. 9.532, de 10 de dezembro de 1997 – Brasil, 1997).

Em comparação, o seguro de vida por sobrevivência não possui qualquer dedutibilidade dos prêmios pagos pelas pessoas físicas, de acordo com o art. 63 da Medida Provisória n. 2.113-30, de 26 de abril de 2001 (Brasil, 2001b), mesmo considerando os valores recebidos pela cobertura por sobrevivência na apólice do seguro de vida. Isso quer dizer que, caso os prêmios sejam pagos por pessoas físicas, há o incentivo de possibilidade de crescimento de reservas sem tributação de rendimentos.

Assim, é interessante perceber que o seguro de vida por sobrevivência, como o encontramos hoje regulamentado, oferece a proteção de um seguro de vida com possibilidade de recebimento em vida, sendo possível escolher entre a remuneração dos valores investidos utilizando atualização monetária, taxa de juros pré-fixada ou pelo FIE (Fundo de Investimento Financeiro Especialmente Constituído).

Além dos benefícios diretamente ao segurado, ainda podemos citar os benefícios de um ponto de vista macro, pois esse tipo de seguro auxilia na captação de recursos para formação de poupança de longo prazo, fortalecendo inclusive o mercado de ações. O que leva o segurado, como já acontece muito no exterior, a possuir uma "carteira de investimentos" de acordo com seu perfil.

Exemplificando

Para não errar ao falar em seguros com uma pessoa física, alguns itens devem ser levados em consideração, segundo Candelária e Quinto (2017):

- verificar idade atual do beneficiário;
- explicar as diferenças entre expectativa de vida completa e expectativa de vida abreviada;
- demonstrar os cálculos realizados até que o beneficiário entenda o que foi feito (lembrando que esses cálculos deverão ser realizados com base em duas ou mais tábuas de mortalidade e que devem ser considerados a expectativa de vida completa e o seguro resgatável);
- escolher a taxa de juros adequada;
- realizar simulações de valores levando em consideração diferentes valores de importância segurada.

Mas, em relação às pessoas jurídicas, quais as vantagens e desvantagens?

Para as pessoas jurídicas, a tributação é um pouco diferente. Geralmente, os planos são instituídos a favor de empregados ou assemelhados. É a Medida Provisória n. 2.222, de 4 de setembro de 2001 (Brasil, 2001c), art. 8, que rege a dedutibilidade dos prêmios pagos na base de cálculo do tributo. Ela nos diz que os rendimentos e ganhos provindos de aplicações de recursos decorrentes de prêmios pagos por pessoas jurídicas que contribuem para o imposto de renda vão ficar sujeitos ao Imposto de Renda Retido na Fonte (IRRF) e se a pessoa jurídica terá perda do benefício fiscal. A porcentagem que incide sobre o imposto de renda nesse caso é de 20% sobre o positivo das aplicações.

Nesse sentido, apesar de se tratar de uma interessante forma de investimento, para a pessoa jurídica o seguro por sobrevivência perde um dos seus principais atrativos.

3.4 Funções de comutação

As funções de comutação nada mais são do que funções utilizadas para construir as chamadas *tábuas de comutação*. Essas tábuas auxiliam e facilitam a realização dos cálculos dos benefícios, como o seguro de vida e a previdência. Uma desvantagem desse método é o fato de que essas tábuas estão sempre sujeitas a uma taxa de juros e a uma tábua de mortalidade, o que quer dizer que, se houver variação na taxa de juros, serão necessários o cálculo e a construção de uma nova tábua de comutação.

O QUE É

Comutação, segundo Candelária e Quinto (2017, p. 11), são "símbolos que representam algumas relações matemáticas que ajudam a simplificar o cálculo de diversas operações atuariais".

Candelária e Quinto (2017) citam em sua obra que, antes da evolução computacional, atuários utilizavam essas funções de comutação para realizar os cálculos de forma manual. No entanto, podemos até dizer que elas não são mais tão adequadas, pois atualmente ocorrem muitas mudanças das taxas de juros, o que torna elas um tanto quanto inviáveis.

Porém, apesar de não serem tão necessárias, as funções de comutação são bastante úteis para a descrição dos cálculos atuariais e base para os vários *softwares* da área.

As funções são baseadas na função l_x da tábua de vida e na taxa de desconto $v = (1 + i)^{-1}$, lembrando que *i* é a taxa de juros anual. As principais funções de comutação são subdividas em duas, as de sobrevivência (1º série) e as de mortalidade (2º série).

Assim, temos as três funções relativas à sobrevivêncial.

1. $D_x = v^x l_x$ (comutação de primeira ordem 2.

2. $N_x = \sum_{x=x}^{w} D_x$ (comutação de segunda ordem 3.

3. $S_x = \sum_{x=x}^{w} N_x$ (comutação de terceira ordem)

E também temos três funções relativas à mortalidade.

1. $C_x = v^{x+1} d_x$ (comutação de primeira ordem 2.

2. $M_x = \sum_{x=x}^{w} C_x$ (comutação de segunda ordem)

3. $R_x = \sum_{x=x}^{w} M_x$ (comutação de terceira ordem)

Lembrando que x é a idade, w é a última idade atingível, l_x se refere ao número de indivíduos no início da idade x, e d_x se refere ao número de indivíduos que faleceram na idade x.

Os símbolos de comutação só foram inventados na segunda metade do século XVIII, porém a ideia de descapitalização já era utilizada há muito mais tempo. Para ajudar a provar essa ideia, segundo Ferreira (1985), basta pensarmos na simbologia, que é atribuída a George Barrett (1752-1821), com as iniciais dos termos na língua inglesa para as funções de comutação de sobrevivência:

- D para representar *Denominator*, ou seja, a parte "de baixo" da divisão que é utilizada nos cálculos de renda e seguros de morte;
- N para representar *Numerator*, ou seja, a parte "de cima" da divisão;
- S para representar *Sum*, ou seja, o somatório de N.

As funções de mortalidade são representadas pelas letras C, M e R, que, como podemos ver, são as letras imediatamente anteriores na ordem alfabética das três utilizadas para as de sobrevivência.

3.5 Tábuas de comutação

Quando falamos de prêmios puros dos seguros de vida, o principal instrumento para o cálculo desses valores são as tábuas de comutação.

As tábuas de comutação são consideradas um grande marco na história dos seguros, pois simplificaram o cálculo de operações relacionadas a esse campo, principalmente pelo fato de que, na época, não existiam os computadores, logo, os cálculos eram realizados manualmente. Conforme comenta Ferreira (1985), a criação desses recursos é atribuída a Johannes Nikolaus Tetens (1736-1807), em sua obra *Introduction to the Calculation od Life Annuities,* de 1785, mas também há quem atribua essas ideias a Barrett e outros estudiosos, pelo fato de terem trabalhado com as mesmas ideias.

Para a construção das tábuas de comutação são necessárias sete informações: a idade, representada por (x), e os demais parâmetros, representados por D_x, N_x, S_x, C_x, M_x e R_x. Então, segundo Brasil (1985, p. 32-33), podemos afirmar que, quando se constrói uma tábua de comutação, são eliminadas: "colunas que somente são utilizadas em casos especiais e incluímos aquelas de maior aplicação, bem como aquelas que nos auxiliam no rigorismo de cálculo ou que nos permitem melhor conferir o resultado de cada número".

Uma observação a ser feita é que uma tábua de mortalidade pode gerar inúmeras tábuas de comutação, pelo fato de que estas dependem da taxa de juros escolhida.

Veja um exemplo na tabela a seguir.

Tabela 3.1 – Parte da tabela de comutação da tábua de mortalidade AT (do inglês *Actuarial Table*) 2000 (básica) – masculina, com taxa de juros de 6% a.a. (ao ano)

x	D_x	N_x	S_x	C_x	M_x	R_x
0	1.000.000	17.305.956	289.797.675	2.180	20.418	902.314
1	947.216	16.305.956	272.491.720	804	18.237	881.896
2	887.135	15.364.740	256.185.764	422	17.433	863.659
...	...	...	...	...	...	...
55	38.024	513.521	5.728.402	182	8.957	189.272
...	...	...	...	...	...	...
115	0	0	0	0	0	0

Fonte: Souza, 2007, p. 153.

Para saber mais

O IBGE é uma fundação publica responsável por inúmeras pesquisas e resultados que são utilizados na área de matemática atuarial. Por exemplo, é a partir dos censos que se coletam várias informações que serão posteriormente utilizadas na atualização das tábuas de vida e mortalidade. Sendo assim, vale a pena conhecer as pesquisas e os dados coletados, indicadores e informações que o IBGE disponibiliza em seu *site* oficial:

IBGE – INSTITUTO BRASILEIRO DE GEOGRAFIA E ESTATÍSTICA. Disponível em: <https://www.ibge.gov.br>. Acesso em: 20 nov. 2022.

No *link* indicado a seguir você poderá ler uma matéria sobre expectativa de vida e conhecer alguns dados obtido pelo IBGE:

EM 2019, expectativa de vida era de 76,6 anos. **Agência IBGE**, Brasília, 26 nov. 2020. Disponível em: <https://agenciadenoticias.ibge.gov.br/agencia-sala-de-imprensa/2013-agencia-de-noticias/releases/29502-em-2019-expectativa-de-vida-era-de-76-6-anos>. Acesso em: 22 nov. 2022.

No *link* indicado a seguir você pode ler um artigo sobre seguros por sobrevivência e análise tributária brasileira:

SANTOS, J. M. M. R. **O seguro de vida com cobertura por sobrevivência no mercado segurador brasileiro**: uma análise tributária. 2016. Disponível em: <http://www.santosbevilaqua.com.br/wp-content/uploads/2016/04/Seguro-de-Vida-Poupanca-AIDA.pdf>. Acesso em: 22 nov. 2022.

Síntese

Neste capítulo, verificamos como a taxa de mortalidade é definida e calculada em função do número de mortes para certa idade e da população viva da mesma idade. Na sequência, vimos como esses dados são utilizados. Falamos também sobre como a força de mortalidade e as taxas centrais se relacionam com as probabilidades de morte. Após, definimos esperança ou expectativa de vida, de forma geral e no Brasil, e vimos como a covid-19 pode ter afetado essas taxas. Comentamos sobre a história do seguro e dos seguros por sobrevivência para, então, trabalhar com as funções de comutação e de como elas são utilizadas para construção das tábuas de comutação.

Questões para revisão

1) Qual das definições a seguir é a mais correta para descrever o que é uma tábua de comutação?

   a. Uma tabela, confeccionada a partir de uma tábua de mortalidade que se utiliza dos números de sobreviventes e de mortes das diferentes idades, mas que independe da taxa de juros compostos.

   b. Uma tabela, confeccionada a partir de uma tábua de mortalidade, em que é aplicada uma taxa de juros compostos sobre os números de sobreviventes e de mortes das diferentes idades.

   c. Uma tabela, confeccionada a partir de uma tábua de mortalidade, em que é aplicada uma taxa de juros simples sobre os números de sobreviventes e de mortes das diferentes idades.

   d. Uma tabela que visa simplificar os cálculos de probabilidade de vida e de morte dos indivíduos.

   e. Uma tabela, confeccionada a partir de cálculos de probabilidade de mortalidade, aplicada a juros compostos e que leva em consideração número de mortes de qualquer idade.

2) Leia as afirmações a seguir.

   I. A taxa central de mortalidade é calculada como a razão entre as mortes para certa idade e população (viva) da mesma idade.

   II. As taxas centrais se relacionam com as forças de mortalidade, porém esse relacionamento não existe em termos das probabilidades de morte.

   III. As funções de comutação nada mais são que funções utilizadas para construir as chamadas *tábuas de comutação*.

   IV. A esperança de vida, também chamada de *expectativa de vida*, depende de vários fatores, mas independe da qualidade de vida do indivíduo.

É correto o que se afirma em:

a. I e II.
b. II e III.
c. III e IV.
d. I e III.
e. II e IV.

3) Explique como a covid-19 influenciará nas próximas estatísticas sobre expectativa de vida no Brasil e no mundo.

4) Para escrever uma tábua de comutação, é necessário calcular algumas funções. Relacione as funções a seguir, classificando-as em funções de sobrevivência (1) e de mortalidade (2). Depois, assinale a alternativa que apresenta a sequência correta:

( ) $D_x = v^x l_x$

( ) $C_x = v^{x+1} d_x$

( ) $R_x = \sum_{x=x}^{w} M_x$

( ) $S_x = \sum_{x=x}^{w} N_x$

( ) $N_x = \sum_{x=x}^{w} D_x$

( ) $M_x = \sum_{x=x}^{w} C_x$

a. 1, 2, 2, 1, 1, 2.
b. 1, 2, 1, 2, 1, 2.
c. 1, 1, 1, 2, 2, 2.
d. 2, 1, 2, 1, 1, 2.

5) O seguro de vida com cobertura por sobrevivência é, muitas vezes, comparado com os planos de previdência. Justifique essa afirmação, apontando as principais semelhanças e diferenças entre eles.

Questões para reflexão

1) Qual é a diferença básica entre uma tábua de mortalidade e uma tábua de comutação?

2) Comparado com os chamados *países desenvolvidos*, o Brasil, considerado um "país em desenvolvimento", tem uma expectativa de vida alta, equivalente ou baixa? A que se devem esses números na sua opinião?

Conteúdos do capítulo

- Conceituação de renda.
- Rendas por sobrevivência.
- Tipos de renda.
- Cálculo de rendas.
- Rendas variáveis por sobrevivência.

Após o estudo deste capítulo, você será capaz de:

1. conceituar renda em suas várias formas;
2. definir as rendas por sobrevivência;
3. diferenciar renda imediata de diferida;
4. diferenciar renda vitalícia de temporária;
5. diferenciar renda antecipada e postecipada;
6. distinguir os cálculos envolvidos em combinações dos tipos de renda para formas anuais, mensais e fracionadas;
7. estabelecer as rendas variáveis por sobrevivência.

4
Rendas por sobrevivência

Antes de começarmos a falar dos tipos de rendas que existem, vamos conceituar o que é renda.

Segundo o dicionário *Michaelis* (Renda, 2023), define-se renda como: "Dinheiro que uma pessoa ou uma instituição recebe, geralmente com regularidade, como pagamento por trabalho ou serviços prestados ou como juros de ações ou investimentos; rendimento".

Para a área de seguros, falamos que a renda, que também pode ser chamada de *anuidade*, é baseada num contrato entre uma seguradora e um ou mais indivíduos. Esses indivíduos pagam à seguradora valores estabelecidos (prêmio) e a seguradora irá fornecer uma série de pagamentos, sendo que quantidade e valores estão preestabelecidos em um contrato. Nesse caso, o pagamento é feito enquanto o segurado estiver vivo, cessando os pagamentos em caso de morte.

Esse tipo de renda é bastante utilizado e diversificado. Podemos citar como exemplo as pensões por aposentadoria, por invalidez, por sobrevivência, além do pagamento de prêmios a dependentes do indivíduo segurado etc.

Nesse sentido, podemos falar que elas, as rendas, possuem papel determinante em um sistema de pensões, pois um plano de pensões nada mais é do que um sistema de renda vitalícia, paga ao indivíduo no advento de sua aposentadoria, tendo ele contribuído por certo tempo durante sua atividade profissional.

Segundo Fernandes (2013), ainda podemos definir a renda como uma sucessão de pagamentos realizados ao longo de um certo tempo, pagos ao segurado pelo segurador.

Uma forma de classificar as rendas é entre certa e aleatória. A primeira diz respeito às rendas que não dependem de eventualidades externas. Esse tipo de renda é a mais citada quando se fala em matemática financeira. Já na segunda, a aleatória – por exemplo, uma apólice de seguro –, o valor pago é conhecido, preestabelecido, porém tem duração incerta. Nesse caso, é mais estudada pela matemática atuarial.

Veja, no esquema da Figura 4.1, a descrição e classificação dos tipos de rendas.

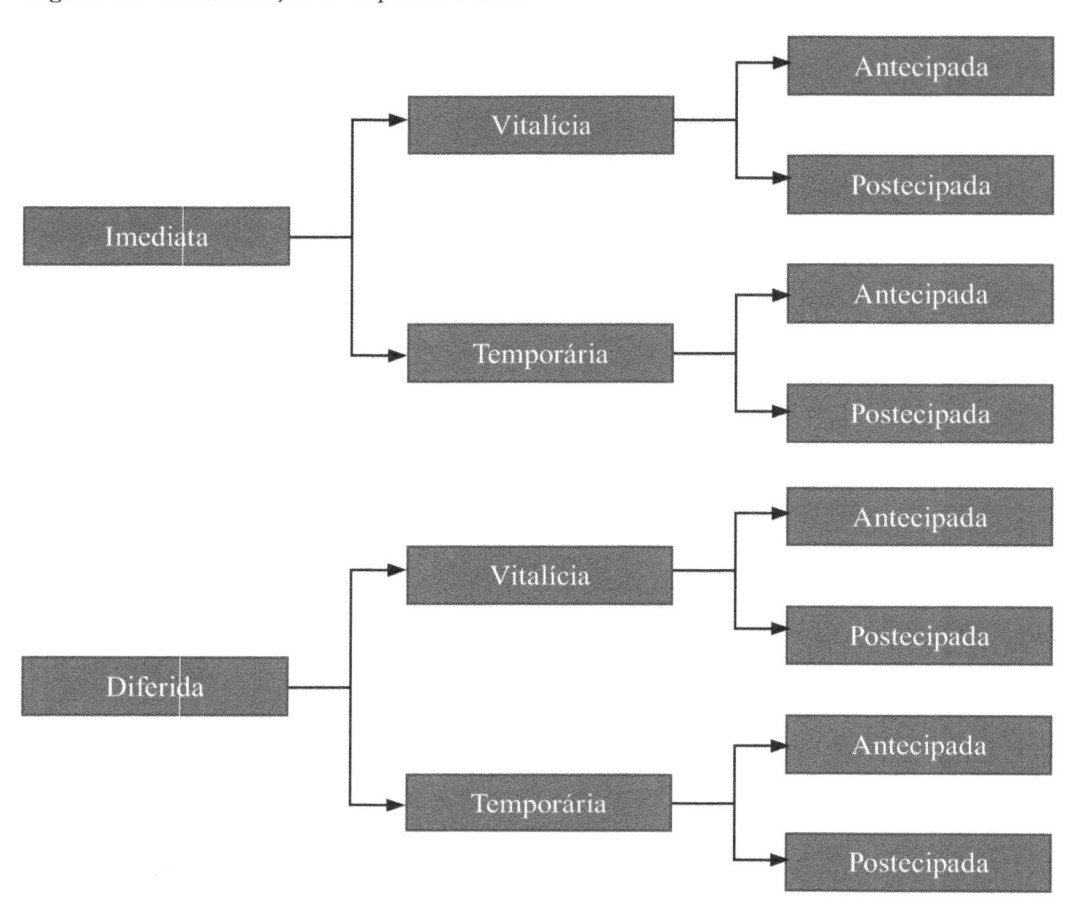

Figura 4.1 – Classificação dos tipos de rendas

```
                    ┌─→ Antecipada
          ┌─ Vitalícia ─┤
          │         └─→ Postecipada
Imediata ─┤
          │         ┌─→ Antecipada
          └─ Temporária ─┤
                    └─→ Postecipada

                    ┌─→ Antecipada
          ┌─ Vitalícia ─┤
          │         └─→ Postecipada
Diferida ─┤
          │         ┌─→ Antecipada
          └─ Temporária ─┤
                    └─→ Postecipada
```

Agora, vamos falar um pouco mais sobre os tipos de renda existentes. Lembrando aqui que, quando falamos em *valor da renda*, estamos nos referindo ao valor atuarial da renda (valor esperado).

4.1 Tipos de rendas por sobrevivência

As rendas por sobrevivência são aquelas que são pagas ao indivíduo contratante que sobreviver ao prazo do deferimento do contrato. Esse contrato é assinado e pago somente uma vez, ou seja, trata-se de prêmio único. Esse tipo de renda também pode ser pago em parcelas periódicas, muito comumente chamadas de *prestações*.

Porém, segundo Cordeiro Filho (2014), não é correto chamar esse parcelamento de *prestações*, pois esse termo, na matemática financeira, refere-se a um valor que contém juros e amortizações. O autor ainda afirma que, no caso dos seguros, há uma composição desse parcelamento com elementos financeiros, aleatórios e estatísticos, logo, seria mais correto utilizar o termo *parcelado* ou *fracionado*.

Esse prêmio então, pode ser pago de forma parcelada e periódica pelas empresas ou entidades de seguros previdenciários, as quais terão obrigações sobre o pagamento durante o resto da vida ou por período determinado, dependendo da apólice assinada.

Considerando essas informações, temos que as rendas por sobrevivência são pagamentos que a seguradora ou entidade representante deverá realizar ao titular segurado, em certos intervalos definidos, que podem ser mensais (mais comum), anuais, trimestrais, semestrais. As rendas ainda podem ser antecipadas, postecipadas, de valores fixos ou variáveis, vitalícias ou temporárias, tendo em comum o fato de que elas deverão ser pagas durante a vida toda do segurado, até ele falecer.

Esse tipo de cobertura por sobrevivência tem como principal objetivo minimizar impactos financeiros em casos de doenças inesperadas, perda de rendimentos, redução de vencimentos por aposentadoria etc.

Segundo o *site* Brasilprev (2022), a renda pode ser paga de diversas formas, como comentado anteriormente, mas o mais comum é que seja dos seguintes tipos:

- **Renda mensal vitalícia** – O pagamento é realizado de forma vitalícia ao segurado a partir da data de concessão do benefício e cessa com o falecimento dele.
- **Renda mensal temporária** – O pagamento é realizado temporariamente e somente ao segurado, e é cessado com o falecimento deste ou o fim do contrato de vigência.
- **Renda mensal vitalícia com prazo mínimo garantido** – O pagamento é realizado vitaliciamente ao segurado ou aos beneficiários, e há um prazo mínimo garantido de recebimento, que deverá ser escolhido no momento da assinatura da proposta e é contado a partir da data do início do recebimento dos pagamentos. Caso haja o falecimento do segurado dentro desse prazo mínimo, quem recebe os pagamentos são os beneficiários escolhidos durante a proposta. Caso o falecimento ocorra antes de se ter completado o prazo mínimo para iniciar o resgate, os valores devidos à seguradora serão rateados entre os beneficiários até o vencimento do prazo mínimo.
- **Renda mensal vitalícia reversível ao beneficiário indicado** – O pagamento é realizado de forma vitalícia ao beneficiário a partir da data de concessão. Caso o falecimento do segurado ocorra durante a percepção da renda, um percentual estabelecido na proposta será revertido vitaliciamente a um beneficiário indicado. Caso a morte ocorra durante a percepção, essa reversibilidade não ocorrerá. E caso o beneficiário venha a falecer após iniciado o recebimento da renda, o benefício acaba.

- **Renda mensal vitalícia reversível ao cônjuge com continuidade aos menores** – O pagamento é realizado de forma vitalícia ao beneficiário a partir da data escolhida. Caso ocorra o falecimento do segurado durante a percepção da renda, um percentual estabelecido em contrato será revertido de forma vitalícia ao cônjuge, e na falta deste será revertida temporariamente ao(s) menor(es) até que complete(m) a maioridade.
- **Renda mensal por prazo certo** – O pagamento é realizado durante um prazo preestabelecido pelo beneficiário durante a proposta. O beneficiário indica o prazo máximo para o pagamento da renda, contado a partir da data de concessão. O pagamento cessa com o término do prazo e, caso haja falecimento durante o pagamento, a renda será paga aos beneficiários declarados na apólice, na proporção de rateio, pelo prazo determinado. Caso um beneficiário venha a falecer, o pagamento será realizado aos seus sucessores legítimos.

Exemplificando

Conhecendo agora algumas das definições de renda e seus parâmetros técnicos que podem influenciar em maior ou menor intensidade os valores das rendas a serem recebidas em função da sobrevivência de um beneficiário, é importante ressaltar que, durante o período em que há a garantia mínima da remuneração, as taxas de juros que estão previstas em contrato sempre deverão respeitar os limites fixados pela Superintendência de Seguros Privados (Susep). Quais são esses limites?

Segundo a Susep (Brasil, 2017), essa taxa tem um limite de 6% a.a., ou o seu equivalente efetivo mensal. Você pode conhecer melhor esses parâmetros consultando Brasil (2017), indicado na seção "Referências" ao final deste livro.

4.2 Rendas anuais por sobrevivência

As rendas anuais, segundo Fernandes (2013), têm papel preponderante ante os seguros de vida, seguros por invalidez, seguros de aposentadorias (fundos de pensões) etc. Assim, para prosseguirmos, vamos definir alguns termos que serão amplamente utilizados para definir tais rendas.

Vamos classificar as rendas, então, em *diferidas* e *temporárias*, em que, no primeiro caso, há pagamentos iniciando no primeiro período, e, no segundo caso, somente após certo período. Depois, em *rendas temporárias* e *fracionadas*, em que se trabalha com os prazos: para as rendas temporárias, o prazo dos pagamentos é limitado, enquanto para a fracionária há pagamento único fracionado, subdividido. Finalmente, as rendas são classificadas em *antecipadas*, quando os pagamentos são realizados já no começo do período, ou *postecipadas*, quando são realizados no fim do período.

Dentre as rendas do tipo aleatório, definidas no início do capítulo, veja as principais classificações, segundo Souza (2016, p. 20-21):

$\ddot{a}_x$ – Anuidade Vitalícia, Imediata, Antecipada;

a_x – Anuidade Vitalícia, Imediata, Postecipada;

$k \mid \ddot{a}_x$ – Anuidade Vitalícia, Diferida de k anos, Antecipada;

$_{k|}a_x$ – Anuidade Vitalícia, Diferida de k anos, Postecipada;

$\ddot{a}_{x:\overline{n}|}$ – Anuidade Temporária de n anos, Imediata, Antecipada;

$a_{x:\overline{n}|}$ – Anuidade Temporária de n anos, Imediata, Postecipada;

$_{k|}\ddot{a}_{x:\overline{n}|}$ – Anuidade Temporária de n anos, Diferida de k anos, Antecipada;

$_{k|}a_{x:\overline{n}|}$ – Anuidade Temporária de n anos, Diferida de k anos, Postecipada;

Na sequência vamos ver mais a fundo algumas dessas rendas.

4.2.1 Renda vitalícia, imediata e postecipada (a_x)

Nos casos de renda vitalícia, imediata e postecipada, normalmente há uma dependência da renda com a sua taxa de juros e com a quantidade de pagamentos a serem realizados (número de anos inteiros sobrevividos pelo segurado). Sendo assim, teremos:

Equação 4.1

$$a_x = v \times p_x + v^2 \times {}_2p_x + v^3 \times {}_3p_x \ldots$$

Lembrando que utilizamos *n* para a duração, $v^n = \dfrac{1}{(1+i)^n}$ para o fator de desconto e *i* para a taxa de juros.

Se relembrarmos que ${}_np_x = \dfrac{l_{x+n}}{l_x}$, poderemos substituir os dados na equação anterior, ficando a definição para a renda vitalícia, imediata e postecipada como:

Equação 4.2

$$a_x = \sum_{n=1}^{\omega} v^t \times {}_tp_x$$

4.2.2 Renda vitalícia, imediata e antecipada ($ä_x$)

No tipo de renda vitalícia, imediata e antecipada há um valor atual que será pago de forma vitalícia, a partir de um instante considerado zero, para uma idade x, até que o segurado atinja uma idade ω (aqui denominada *última idade*), ou até que o segurado venha a óbito.

O fator preponderante, nesse caso, é a ideia de a renda ser paga de forma antecipada, ou seja, no início de um ano ou período. Assim, nos mesmos moldes da Seção 4.2.1 deste livro, ela será dada por:

Equação 4.3

$$ä_x = 1 + \sum_{n=1}^{\omega} v^t \times {}_tp_x = 1 + a_x$$

4.2.3 Renda vitalícia, diferida em k anos e postecipada (${}_{k|}a_x$)

Para esse tipo de renda é considerada uma idade de $(x + k + 1)$ em que a renda deverá ser paga, ou seja, ao fim do prazo de carência k:

Equação 4.4

$${}_{k|}a_x = v^{k+1} \times {}_{k+1}p_x + v^{k+2} \times {}_{k+2}p_x + v^{k+3} \times {}_{k+3}p_x \cdots$$

Ou ainda:

Equação 4.5

$${}_{k|}a_x = \sum_{t=k+1}^{\omega-x} v^t \times {}_tp_x$$

4.2.4 Renda vitalícia, diferida em k anos e antecipada (${}_{k|}ä_x$)

Para esse caso, a renda será paga logo após o período de carência, diferindo do último caso (seção 4.2.3.) apenas devido ao fato de o pagamento ser antecipado $(x + k)$. Assim, teremos:

Equação 4.6

$${}_{k|}ä_x = v^k \times {}_kp_x + v^{k+1} \times {}_kp_x + v^{k+2} \times {}_kp_x \cdots$$

Ou:

Equação 4.7

$${}_{k|}ä_x = \sum_{t=k}^{\omega-x} v^t \times {}_tp_x$$

4.2.5 Renda temporária de *n* anos, imediata e postecipada ($a_{x:\overline{n}|}$)

Essa modalidade só tem validade enquanto o indivíduo não for a óbito. Para essa renda, ocorrem pagamentos para indivíduos vivos de idade *x*, temporariamente, com prazo máximo de *n* anos, iniciando em x + 1 anos. É dada pela seguinte equação:

Equação 4.8

$$a_{x:\overline{n}|} = \sum_{t=1}^{n} v^t \times {}_t p_x$$

4.2.6 Renda Temporária de *n* anos, imediata e antecipada ($ä_{x:\overline{n}|}$)

Essa renda difere da anterior (Seção 4.2.4) apenas pelo fato de que o tempo de pagamento da renda se inicia no começo de um ano ou período, sendo rigorosamente igual para as outras especificidades. Assim, teremos a seguinte equação:

Equação 4.9

$$ä_{x:\overline{n}|} = \sum_{t=0}^{n-1} v^t \times {}_t p_x$$

4.2.7 Renda temporária de *n* anos, diferida de *k* anos e postecipada (${}_{k|}a_{x:\overline{n}|}$)

Para esse caso, o indivíduo receberá a renda de forma temporária por *n* anos, havendo um período de diferimento *k*, e ele só poderá começar a receber os valores ao final de um período (x + k + 1). Assim, podemos representar esse tipo de renda como:

Equação 4.10

$${}_{k|}a_{x:\overline{n}|} = \sum_{t=1}^{n} v^{k+t} \times {}_{k+t} p_x$$

4.2.8 Renda temporária de *n* anos, diferida de *k* anos e antecipada (${}_{k|}ä_{x:\overline{n}|}$)

Assim como no caso da Seção 4.2.6, o indivíduo terá uma renda de forma temporária, com diferimento de *k* anos, mas, nesse caso, receberá a renda sempre no início do ano ou período. Assim, a renda será dada por:

Equação 4.11

$${}_{k|}a_{x:\overline{n}|} = \sum_{t=n}^{n+k+1} v^t \times {}_t p_x$$

A seguir, vamos apresentar as formas fracionadas de rendas por sobrevivência.

4.3 Rendas fracionárias por sobrevivência

As rendas, apólices ou benefícios que vimos serem calculados até agora são do tipo pagas anualmente. Porém, esse não é o tipo mais comum de pagamento. Geralmente, o que encontramos são pagamentos realizados de forma mensal. Via de regra, até podemos encontrar pagamentos bimestrais, semestrais ou semanais, mas são exceções.

Para nossos estudos, a princípio vamos trabalhar com a ideia de pagamentos mensais, pois, quando se trata de previdência privada ou recebimento de aposentadoria, entre outros tipos de pagamentos, os pagamentos são realizados mensalmente. Assim, vamos fracionar o pagamento anual em 12 pagamentos mensais. Vale ressaltar aqui, corroborando Cordeiro Filho (2014), que estamos falando de um pagamento fracionado, em parcelas, e não de *prestações*, termo comumente utilizado na matemática financeira.

Veja as principais rendas fracionárias a seguir, de acordo com Souza (2016, p. 21):

$a_x^{(m)}$ – Anuidade Fracionada em m meses, Vitalícia, Imediata, Postecipada;

$\ddot{a}_x^{(m)}$ – Anuidade Fracionada em m meses, Vitalícia, Imediata, Antecipada;

$_{k|}a_x^{(m)}$ – Anuidade Fracionada em m meses, Vitalícia, Diferida de k anos, Postecipada;

$_{k|}\ddot{a}_x^{(m)}$ – Anuidade Fracionada em m meses, Vitalícia, Diferida de k anos, Antecipada;

$a_{x:\overline{n}}^{(m)}$ – Anuidade Fracionada em m meses, Temporária de n anos, Imediata, Postecipada;

$\ddot{a}_{x:\overline{n}}^{(m)}$ – Anuidade Fracionada em m meses, Temporária de n anos, Imediata, Antecipada;

$_{k|}a_{x:\overline{n}}^{(m)}$ – Anuidade Fracionada em m meses, Temporária de n anos, Diferida de k anos, Postecipada;

$_{k|}\ddot{a}_{x:\overline{n}}^{(m)}$ – Anuidade Fracionada em m meses, Temporária de n anos, Diferida de *k* anos, Antecipada.

Se levarmos em consideração, agora, o fato de o ano ser dividido em *m* parcelas, ou ainda, em *m-avos* do ano, o primeiro pagamento não ocorrerá mais no início de cada ano, e sim depois de certo tempo, ou, ainda, se for considerado um subperíodo de anos, haverá uma sucessão de pagamentos que poderão ser representados em forma de uma PA (progressão aritmética), com o primeiro termo sendo $a_1 = 1$, o termo geral sendo $a_n = m - 1$ e a razão, $n = m - 1$. Assim, ficaremos com:

Equação 4.12

$$m\ddot{a}_x^{(m)} \cong \left[\ddot{a}_x + \left(\ddot{a}_x - \frac{1}{m}\right) + \left(\ddot{a}_x - \frac{2}{m}\right) + \ldots + \left(\ddot{a}_x - \frac{m-1}{m}\right)\right]$$

Trabalhando com a somatória de uma PA, utilizando os mesmos termos da Equação 4.12, ficaremos com:

Equação 4.13

$$S_n = \frac{n(a_1 + a_n)}{2} = \frac{(m-1) \cdot m}{2}$$

Substituindo os dados da Equação 4.13 na Equação 4.12, teremos, então:

Equação 4.14

$$\ddot{a}_x^{(m)} = \ddot{a}_x - \frac{(m-1)}{2m}$$

Para encontrarmos as séries de pagamentos do tipo diferida, temporária, interceptada etc., vamos trabalhar com a Equação 4.12, modificando apenas o item necessário.

Para renda anual fracionada em *m* meses, do tipo vitalícia, imediata e postecipada, teremos:

Equação 4.15

$$a_x^{(m)} = a_x + \frac{m-1}{2m}$$

Já quando se trata de rendas anuais fracionadas em *m* meses, mas agora do tipo vitalícia, imediata e antecipada, teremos:

Equação 4.16

$$\ddot{a}_x^{(m)} = \ddot{a}_x + \frac{m-1}{2m}$$

Se a renda for anual fracionada em *m* meses, vitalícia, diferida de *k* anos e postecipada, temos a seguinte equação:

Equação 4.17

$$_{k|}a_x^{(m)} = a_x + \frac{m-1}{2m} \times {}_kE_k$$

Quando se trata de rendas anuais fracionadas em *m* meses, do tipo vitalícia, diferida em *k* anos e antecipada, o cálculo é dado por:

Equação 4.18

$$_{k|}\ddot{a}_x^{(m)} = \ddot{a}_x + \frac{m-1}{2m} \times {_kE_k}$$

Temos ainda as rendas fracionadas em *m* meses, do tipo temporária, imediata e postecipada, em que teremos:

Equação 4.19

$$a_{x:\overline{n}|}^{(m)} = a_{x:\overline{n}|} + \frac{m-1}{2m} \times (1 - {_nE_x})$$

As rendas fracionadas em *m* meses, do tipo temporária em *n* anos, imediatas e antecipadas, serão dadas por:

Equação 4.20

$$\ddot{a}_{x:\overline{n}|}^{(m)} = \ddot{a}_{x:\overline{n}|} - \frac{m-1}{2m} \times (1 - {_nE_x})$$

Rendas do tipo fracionadas em *m* meses, temporárias de *n* anos, diferidas de *k* anos e postecipada são calculadas com:

Equação 4.21

$$_{k|}a_{x:\overline{n}|}^{(m)} = {_{k|}a_{x:\overline{n}|}} + \frac{m-1}{2m} \times ({_kE_x} - {_{k+n}E_x})$$

E, finalmente, a renda de fracionada em *m* meses, do tipo temporária de *n* anos, diferida de *k* anos e antecipada, será dada por:

Equação 4.22

$$_{k|}\ddot{a}_{x:\overline{n}|}^{(m)} = {_{k|}\ddot{a}_{x:\overline{n}|}} - \frac{m-1}{2m} \times ({_kE_x} - {_{k+n}E_x})$$

Agora vamos ver um Exercício resolvido.

Exercício resolvido

1) (IBA – 2017) Com base nos dados da tábua abaixo, podemos afirmar que o prêmio puro e único para uma renda unitária mensal postecipada, imediata e vitalícia para uma pessoa de 50 anos é de quanto?

Assinale a alternativa correta.

Tábua de comutação AT 83 a 6% – Funções anuais e mensais

x	q_x	l_x	d_x	D_x	N_x	N_x^{12}	M_x
0	0,0027	10000	27	10000	172779,61	2017763,6	220,0221
10	0,0004	9930	4	5544,93	95092,22	1110278,98	162,3524
20	0,0005	9887	5	3082,91	51903,58	655699,88	144,9722
30	0,0008	9827	7	1710,96	27905,97	325354,48	131,9812
40	0,0013	9726	13	946,52	14602,5	169962,24	119,965
50	0,0041	9508	39	516,16	7272,64	84396,68	104,5002

Obs.: Resultado arredondado para a unidade monetária.

a. 13,00.
b. 14,00.
c. 120,00.
d. 163,00.
e. 189,00.

Resolução:

$$\ddot{a}_{50}^{(12)} = \frac{N_{50}^{(12)}}{D_{50}} = 163,50$$

Sendo assim, a alternativa correta é a letra *d*.

4.4 Rendas variáveis por sobrevivência

Quando se trata de renda variável, devemos nos lembrar que esse tipo de renda geralmente está atrelado à participação no capital social de empresas, a qual se dá por meio de ações, ou seja, frações, chamadas de *ideias* da empresa, que ela mesma disponibiliza ao público por certo valor. Assim, comprar uma ação é realizar um investimento que dá direito à participação do acionista na empresa e, de forma indireta, podemos afirmar que esse acionista tem direitos sobre os ativos e recursos financeiros dessa empresa.

> ## O QUE É
>
> O **capital social** corresponde ao valor a ser investido por um ou mais sócios em bens financeiros ou materiais.

Esse tipo de renda é considerado variável pelo fato de existir uma ausência de informações sobre a rentabilidade da empresa. Ações podem subir e descer no mesmo dia, e são imprevisíveis os fatos que irão ou não influenciar essa oscilação. Resumindo, esse é um tipo de investimento de alto risco.

Mas o que acontece em caso de morte do titular dessas rendas variáveis, ou seja, as rendas variáveis por sobrevivência (ações, fundo de investimentos, previdência privada etc.)?

Tudo deve começar passando por um inventário. E é nessa etapa que os beneficiários ou interessados entrarão em contato com os bancos, as instituições financeiras, corretores ou demais instituições envolvidas para reportar o óbito e planejar o que será feito com esses investimentos. Muitos investimentos podem ser liquidados ou transferidos para outra titularidade, mas isso depende muito do acordo realizado no momento da aquisição desses títulos.

Lembrando que esse tipo de bem vai exigir alguns documentos, como o atestado de óbito, a escolha legal de um inventariante e a comprovação disso, para que se possa fazer o levantamento.

Vale lembrar que, enquanto o inventário não é concluído, todos os bens, inclusive esses investimentos, ficam "congelados", mas continuam rendendo, e não há um prazo legal para esse inventário ser finalizado. O prazo mínimo comum é de 30 dias, e se houver processo judicial, acrescentam-se alguns meses nesse prazo.

Quanto à partilha, ela dependerá do fato de existir ou não um testamento. Caso haja, tudo deve estar predefinido ali e, após o inventário pronto, cada herdeiro receberá a parte que cabe a ele para então poder tomar decisões acerca de manter ou não os investimentos. Caso não haja o testamento, vale a Lei de Partilhas, Lei n. 11.441, de 4 de janeiro de 2007 (Brasil, 2007), para os parentes mais próximos.

> ## O QUE É
>
> **Inventário** consiste no levantamento de todos os bens que uma pessoa possuía antes de falecer. É realizado a fim de ser transferido a seus herdeiros após o falecimento.

Depois desses passos cumpridos, inventário e partilha de bens já realizados, para as ações será necessário que os beneficiários ou interessados entrem em contato com alguma corretora, tanto se a escolha for manter o investimento quanto se for resgatar ou vender as ações. Essa corretora não precisa ser a mesma da pessoa falecida.

Para os casos de fundos de investimentos, o processo é o mesmo. Após inventário e partilha de bens concluídos, é possível optar pela manutenção do fundo, apenas transferindo a titularidade, mas com atenção para o saldo (existe um mínimo exigido).

O que podemos ver aqui é que o titular deve ter um plano para o caso de seu falecimento, ou seja, ele deve fazer o seu planejamento sucessório, o que nem sempre é um assunto confortável.

Mas é importante ter uma resposta quando as seguradoras ou interessados questionam: "Quem terá direito a seus bens no caso de morte?". Ter uma resposta para essa pergunta é facilitar para os herdeiros; é facilitar o processo de direito aos bens. Por isso, conversar com os familiares, informar sobre a existência de investimentos, organizar as documentações necessárias, são ações bastante importantes por parte do segurado. Assim, ao tomar essas ações, o segurado garante que sua família, mesmo com o sofrimento pela perda do ente querido, não venha a necessitar de alguma ação judicial.

Para saber mais

Para conhecer mais sobre as rendas fracionadas, assista ao vídeo indicado a seguir:
AS EXPLICAÇÕES DO PONTES. **Cálculo financeiro**: rendas fracionadas. 17 ago. 2017. Disponível em: <https://www.youtube.com/watch?v=PNXYdXzFFKM>. Acesso: 20 nov. 2022.

Você também pode acessar o artigo sobre rendas por sobrevivência e renda complementar indicado a seguir:
BRASIL. Ministério da Fazenda. Superintendência de Seguros Privados. **Previdência Complementar Aberta**. 22 jul. 2022. Disponível em: <https://www.gov.br/susep/pt-br/planos-e-produtos/previdencia-complementar-aberta#:~:text=Os%20planos%20de%20previd%C3%AAncia%20oferecidos,regime%20geral%20de%20previd%C3%AAncia%20social>. Acesso em: 10 jan. 2023.

Síntese

Vimos, neste capítulo, a conceituação de renda como sendo uma forma de pagamento por serviços prestados, de forma mais geral, e depois definimos a renda por sobrevivência. Também tratamos das categorias de renda, que foram subdivididas em imediata, diferida, vitalícia, temporária, antecipada e postecipada, e das possíveis combinações desses tipos para pagamentos anuais, mensais e fracionados. Ao final, falamos sobre as rendas variáveis e suas particularidades.

Questões para revisão

1) Sobre a definição de renda, assinale a alternativa que apresenta a afirmação correta:

   a. Uma boa definição para renda é que ela é a totalidade dos valores que uma pessoa física ou jurídica recebe em troca de um trabalho ou serviço.
   b. Para a área de seguros, falamos que a renda, que também pode ser chamada de *apólice*, é baseada num contrato entre uma seguradora e um ou mais indivíduos.
   c. Um plano de pensões nada mais é do que um sistema de renda vitalícia paga ao indivíduo no advento de sua aposentadoria, tendo ele contribuído ou não por certo tempo durante sua atividade profissional.
   d. Uma forma de renda certa é a apólice de seguros.
   e. Rendas, apólices e seguros têm sempre seu pagamento de forma anual.

2) As rendas por sobrevivência são aquelas que são pagas ao indivíduo contratante que sobreviver ao prazo do deferimento do contrato. Esse contrato é assinado e pago somente uma vez, ou seja, trata-se de prêmio único. Esse tipo de renda também pode ser pago em parcelas periódicas, muito comumente chamadas de *prestações*. Por que não se deve chamar esse tipo de renda pelo termo *prestações*, e sim *parcelamento* ou *valor fracionado*?

3) Sabemos que as rendas por sobrevivência podem ser do tipo imediata ou diferida, vitalícia ou temporária, bem como ser antecipadas e postecipadas. Explique as diferenças entre cada par de tipos de pagamento.

4) Sobre rendas por sobrevivência, analise as afirmações a seguir.

   I. A renda vitalícia, imediata e postecipada (a_x) tem uma dependência da renda com a sua taxa de juros e com a quantidade de pagamentos a serem realizados (número de anos inteiros sobrevividos pelo segurado).
   II. A renda temporária de *n* anos, imediata e postecipada $\left(a_{x:\overline{n}|}\right)$ só tem validade enquanto o indivíduo não for a óbito.
   III. Na renda temporária de *n* anos, diferida de *k* anos e postecipada $\left(_{k|}a_{x:\overline{n}|}\right)$, o indivíduo receberá a renda de forma vitalícia por *n* anos, haverá um período de diferimento *k* e ainda só poderá começar a receber os valores ao final de um período (x + k + 1).

Está correto o que se afirma em:

a. I, apenas.
b. II, apenas.
c. III, apenas.
d. I e II.
e. II e III.

5) Na renda mensal vitalícia reversível ao beneficiário indicado, é **incorreto** afirmar que:

a. o pagamento é realizado de forma vitalícia a partir da data de concessão.
b. em caso de falecimento do beneficiário durante a percepção da renda, será estabelecido um percentual da proposta de forma vitalícia ao beneficiário indicado.
c. caso haja falecimento do beneficiário após iniciado o recebimento da renda, o benefício passa a um beneficiário eleito.
d. caso haja falecimento do beneficiário após iniciado o recebimento da renda, o benefício acaba.
e. esse tipo de renda é um plano que oferece estabilidade financeira para o contratante e seus beneficiários.

Questão para reflexão

1) Vimos várias formas de pagamento para rendas por sobrevivência. Faça uma pesquisa e veja quais são as mais utilizadas e as mais rentáveis para o beneficiário.

Conteúdos do capítulo
- Seguros no Brasil e no mundo.
- Seguros por falecimento.
- Resseguro e relações entre seguro e renda.
- Prêmios puros e carregados.
- Regimes financeiros previdenciários.

Após o estudo deste capítulo, você será capaz de:
1. definir os principais conceitos que são utilizados nos seguros;
2. reconhecer e diferenciar os seguros por falecimento;
3. distinguir as fórmulas dos diferentes tipos de seguro por falecimento;
4. diferenciar capitais constantes de capitais variáveis;
5. diferenciar os prêmios puros dos prêmios carregados;
6. identificar os regimes financeiros previdenciários.

# 5
Seguros por falecimento

Antes de começar nossos estudos sobre seguros por falecimento, vamos relembrar a ideia dos seguros no mundo e no Brasil, e isso remonta a muitos séculos. Para especialistas que escrevem para o Portal Halley (2023), por exemplo, utilizava-se a ideia de seguro pelo simples fato de se viver em sociedade durante a pré-história. Em 1700 a.C., no código de Hamurabi, falava-se em doação de barcos novos a quem perdesse o seu durante uma tempestade. Segundo o Instituto Brasileiro de Atuária (IBA, 2022b), durante o Império Romano (753 a 510 a.C.), iniciou-se a ideia de planos funerários e pensões para os feridos durante a guerra. Fala-se da origem do primeiro atuário – Domitius Ulpiames – nesse momento, pois ele criou o fundo pago em vida para que se pudesse ter esses benefícios na época.

Cavalcante (2021) afirma que em 1728 foi criada a primeira seguradora contra incêndios na Inglaterra, e em 1755 foram publicados os primeiros cálculos de James Dodson (1705-1757), considerado o pai da atuária, sobre os preços de seguro de vida inteira. Nessa mesma época surgiram as primeiras seguradoras, aproveitando-se do grande crescimento populacional do século XIX.

No Brasil, com a vinda da família real para o Brasil, tivemos a abertura da Boa Fé, a primeira seguradora do Brasil na área de seguros marítimos. Ainda segundo o Portal Halley (2023), em 1945, tivemos a abertura da Argos Fluminense, considerada a primeira seguradora terrestre. Em 1964, ocorreu a regulamentação da profissão de corretor de seguros. Em 1966, tivemos a criação da Superintendência de Seguros Privados (Susep), finalmente o órgão brasileiro de normativas e fiscalização na área.

Agora que já tratamos um pouquinho da história dos seguros, vamos apresentar alguns termos utilizados na área. Alguns deles até já vimos em capítulos anteriores, mas vale relembrar essas definições.

Vamos começar pela *apólice*, que, segundo Augusto Alexandre (2022), é o instrumento de contrato do seguro, ou seja, é ela que estabelece as regras de funcionamento para as partes envolvidas. Temos também de falar sobre *risco*, como nos conta Ortiga (2017), no *site* Jurídico Certo, que nada mais é do que as eventualidades, futuras e incertas, para as quais geralmentes os seguros são feitos. Os **segurados** são as pessoas, físicas ou jurídicas, que possuem interesse no seguro e realizam o contrato em seu benefício ou para terceiros, enquanto os **seguradores ou seguradoras** são as instituições que têm objetivos de indenizar os prejuízos do segurado. Lembrando que, no Brasil, as seguradoras devem ser S.A. (Sociedades Anônimas) devidamente autorizadas pelo Ministério da Fazenda e regulamentadas pela Susep.

Exemplificando

As apólices podem ser ainda, segundo Souza (2007), do tipo chamado *apólice coletiva*. Trata-se de um contrato que cobre um grupo de pessoas ou bens, em vez de uma pessoa somente. Esse tipo de apólice possui cláusulas de condições gerais que têm as mesmas aplicações do seguro individual, levando em consideração os riscos gerais, e também as cláusulas especiais, nas quais são dispostas as modificações das condições gerais, levando agora em consideração o grupo. Pode também conter cláusulas particulares, que tornam mais particulares ainda tópicos ou coberturas, cláusulas limitativas, que limitam as obrigações dos seguradores, e ainda as cláusulas abusivas, que têm como principal função a restrição ou a eliminação das responsabilidades do segurador, no caso de uma obrigação que ele assumiu.

Um exemplo bem comum em que podemos ver essas cláusulas especiais são os planos de saúde coletivos de empresas. Nesses casos, temos as cláusulas em relação ao beneficiário e quais pessoas podem ser consideradas dependentes deste. Alguns planos aceitam pais como dependentes, mas a maioria aceita somente esposa e filhos. Também são nessas cláusulas que temos as condições de doenças preexistentes e carências para exames ou alguns tipos de doenças. Assim, é possível verificar que existem inúmeras aplicações para as cláusulas especiais no âmbito das apólices coletivas. Ainda relacionados às definições, precisamos falar sobre os ***sinistros***, que são ocorrências previstas na apólice e legalmente cobertas pelo seguro. A ***indenização*** entra aqui como a contraprestação das seguradoras ao segurado, pois, quando o risco se torna sinistro, o pagamento predefinido na apólice deverá ser efetuado pela seguradora. Segundo Ortiga (2017), como o seguro não é investimento, o valor da indenização nunca será maior do que a importância segurada. E, finalmente, devemos definir o ***prêmio***, que é a quantia a ser paga pela segurado à seguradora, valor este presente no contrato (apólice). Geralmente, os prêmios são classificados em prêmio puro; comercial, tarifário ou líquido; e total ou bruto.

Vale ainda comentar três elementos aqui:

1. **Franquia**, que é certo valor em espécie que o segurado deverá pagar em caso de sinistros sem indenização integral.

2. **Valor Matemático do Risco (VRM)**, que é a razão entre sinistros ocorridos e objetos segurados, e basicamente calcula a probabilidade de ococrrência do sinistro.
3. **Custo Médio dos Sinistros (CMS)**, que é a razão entre o total indenizado e o número de sinistros.

Com esse breve resumo da história dos seguros e suas principais definições, você está pronto para conhecer os seguros por falecimento.

5.1 Seguros por falecimento: capital constante e variável

Seguros são contratos em que uma das partes, denominada *segurador* ou *seguradora*, tem a obrigação de pagar um "benefício" a outra parte, denominada *segurado*, caso ocorra um sinistro, em troca do recebimento de um prêmio preestabelecido pela apólice.

Devemos lembrar que os seguros apresentam algumas características, como o fato de serem aleatórios, ou seja, dependem de eventos futuros e incertos. Além disso, podemos chamar o seguro de *bilateral*, pois existem obrigações de ambas as partes envolvidas. Ele, de fato, é oneroso, pois as duas partes, segurado e segurador, têm ônus e vantagens econômicas. E, finalmente, o seguro é, de certa forma, chamado de *solene*, pois existe uma formalidade que é exposta na apólice.

Quando se trata de seguros por falecimento, essa classe é subdividida em seguro por falecimento por capital constante e seguro por falecimento por capital variável.

5.1.1 Seguro por falecimento por capital constante

A principal característica do seguro por falecimento por capital constante é o fato de que existem incrementos ou decrementos do valor do capital a ser pago pela seguradora ou da importância segurada. Normalmente, há um acréscimo de valores a serem pagos pela seguradora ao segurado com o passar do tempo (geralmente dado em anos), ou seja, serão gerados juros sobre a apólice. Vale comentar que esse fato poderá ser temporário, assim, caso haja falecimento após o período *n*, é provavel que não haja mais pagamento pela seguradora; ou, até mesmo, o seguro pode crescer até certo ponto e depois estabilizar, mantendo um valor constante.

É importante salientar que os seguros por falecimento têm cobertuta em forma de indenização, que será paga a beneficiários que estão previamente denominados nas apólices, os quais, no caso de óbito do titular, serão beneficiados. Esses seguros variam de acordo com a apólice e podem ser de: 1) vida inteira ou de vigência vitalícia; 2) imediatos, diferidos ou temporários; e 3) imediatos ou diferidos. Vamos conhecer melhor cada um deles.

Para essa classe de seguros, utilizaremos a simbologia $(IA)_x$.

Vamos começar pelo caso de $(IA)_x$, quando o valor atual do seguro será pago ao fim do ano em que o titular venha a óbito, em qualquer época, e cujo valor inicial do capital que será pago ao beneficiário cresça ano a ano, em uma PA (progressão aritmética). Esse prêmio é também chamado de **Prêmio Único Puro (PUP)**. Ele pode ser dado de duas formas, dependendo das variáveis utilizadas:

Equação 5.1

$$(IA)_x = \sum_{t=0}^{w}(t+1) \cdot {}_{t/}q_x \cdot v^{t+1}$$

Ou:

Equação 5.2

$$(IA)_x = v \cdot (I\ddot{a})_x - \left((I\ddot{a})_x - \ddot{a}_x\right)$$

E finalmente, para termos a nossa forma das comutações, também levando em consideração as Equações 5.1 e 5.2:

Equação 5.3

$$(IA)_x = \ddot{a}_x - d(I\ddot{a})_x$$

Ou:

Equação 5.4

$$(IA)_x = \frac{R_x}{D_x}$$

O segundo caso que pode ocorrer é quando o valor do seguro do tipo crescente será pago ao final do ano em que o titular venha a óbito, desde que seu óbito venha a ocorrer em *n* anos. Assim, esse prêmio também é chamado de PUP, como o anterior, porém ele só terá vigência para o período *n*. Aqui, denota-se a classe como $(IA)^1_{x:n]}$ ou, ainda, ${}_{/n}(IA)_x$ e teremos sua representação matemática como:

Equação 5.5

$$(IA)^1_{x:n]} = 1 \cdot v^1 \cdot q_x + 2 \cdot v^2 \cdot {}_{1/}q_x + 3 \cdot v^3 {}_{2/}q_x + 4 \cdot v^4 {}_{3/}q_x + n \cdot v^n {}_{n-1/}q_x$$

Podemos escrever com base em somatórias para facilitar o entendimento, de forma que teremos:

Equação 5.6

$$(IA)^1_{x:n]} = \sum_{t=0}^{n-1}(t+1) \cdot {}_{t/}q_x \cdot v^{t+1} = \sum_{t=0}^{n-1} A^1_{x:n-t}$$

Ainda é possível escrever de forma que se tenha a ideia de comutação, sendo indicado do seguinte modo:

Equação 5.7

$$(IA)^1_{x:n]} = v \cdot \left[(I\ddot{a})_{x:n} - (Ia)_{x:n}\right] = \frac{R_x - R_{x+n} - nM_{x+n}}{D_x}$$

Para a situação em que o valor do seguro de um titular com idade x, que será pago ao final do ano em que ele venha a óbito, desde que esse tempo seja $x + m$ anos e esse óbito ocorra a qualquer época, os valores a serem pagos após esse óbito serão denominados $(I_{m/}A)_x$ e serão dados pela seguinte equação:

Equação 5.8

$$(I_{m/}A)_x = \sum_{t=1}^{w} t \cdot v^{m+t} \cdot {}_{m-1-t/}q_x$$

Para a forma de comutação, temos:

Equação 5.9

$${}_mE_x \cdot (I_{m/}A)_x = \frac{D_{x+m}}{D_x} \cdot \frac{R_{x+m}}{D_{x+m}}$$

Ou ainda:

Equação 5.10

$$(I_{m/}A)_x = \frac{R_{x+m}}{D_x}$$

Há ainda o caso de cálculo do valor atual da apólice de um seguro pagável ao fim do ano em que o titular venha a óbito, com vigência de *n* anos, mas essa vigência só valerá, no máximo, até a idade de $(x + m + n)$ anos. Ela será denominada $I({}_{m/}A)^1_{x:n}$ e será determinada por:

Equação 5.11

$$I(_{m/}A)^1_{x:n} = {_mE_x} \cdot (IA)^1_{\underset{x+m}{x}:n]}$$

E ainda pode ser escrita na seguinte forma:

Equação 5.12

$$I(_{m/}A)^1_{x:n} = \frac{D_{x+m}}{D_x} \cdot \frac{R_{x+m} - R_{x+m+n} - nM_{x+m+n}}{D_{x+m}}$$

Ou, ainda, em sua forma comutada:

Equação 5.13

$$I(_{m/}A)^1_{x:n} = \frac{R_{x+m} - R_{x+m+n} - nM_{x+m+n}}{D_x}$$

O QUE É

Seguro dotal é o tipo de seguro em que a indenização pode ser paga ao próprio segurado, desde que ele sobreviva ao período em que o contrato vigorar. Em caso de falecimento do segurado nesse intervalo de tempo, os valores serão recebidos pelo beneficiário predeterminado.

Há ainda o caso do dotal misto crescente, denominado $(IA)_{x:n]}$, que se trata do valor atual a ser pago, que cresce e será pago ao fim do ano do óbito do titular, conforme a viência dos *n* anos que estão no contrato, ou como forma de dote a si próprio, caso a pessoa sobreviva ao período de (x + n) anos. É também denominado *PUP*, mas para um dotal misto de *n* anos em uma PA crescente. Nesse caso, será dado por:

Equação 5.14

$$(IA)_{x:n]} = (IA)^1_{x:n} + n \cdot {_nE_x}$$

Essa equação poderá ser escrita como:

Equação 5.15

$$(IA)_{x:n]} = \ddot{a}_{x:n} - d(I\ddot{a})_{x:n}$$

Ou, ainda, sob a forma de comutações:

Equação 5.16

$$(IA)_{x:\overline{n}|} = \frac{R_x - R_{x+n} - nM_{x+n} + nD_{x+n}}{D_x}$$

Finalmente, o último caso de seguro por falecimento por capital constante ocorre quando há um seguro de vida inteira, crescente, que crescerá *n* anos e se tornará constante após certo tempo. Ele será representado por $(I_{\overline{n}|}A)_x$. Matematicamente, é o mais simples que vimos até agora:

Equação 5.17

$$(I_{\overline{n}|}A)_x = \frac{R_x - R_{x-n}}{D_x}$$

5.1.2 Seguros por falecimento com capital variável

Agora, vamos apresentar alguns tipos de seguros por falecimento quando há um capital variável. Essa variação é matematicamente composta por uma PA.

O primeiro caso a ser tratado aqui é quando o valor atual do seguro variável tem termo igual à unidade, situação em que sua razão será denominada λ. Ele será pagável ao fim do ano em que ocorra o óbito da pessoa com idade *x*, independentemente do período segurado. Denota-se esse tipo de classe como sendo $(VA)_x^{\lambda}$.

Assim, o prêmio único puro, que já conhecemos por PUP, será um seguro de vida inteira, com seu capital variável, crescente, de razão λ, pagável ao fim do período de vida, em qualquer época para qualquer idade *x*. Veja a representação dessa ideia na Figura 5.1 a seguir.

Figura 5.1 – Representação da ideia de PUP de um seguro de vida inteira, com capital variável, crescente, pagável apenas no fim do período de vida para qualquer idade *x*

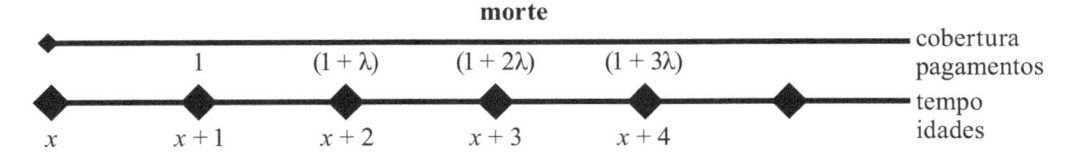

	1	(1 + λ)	(1 + 2λ)	(1 + 3λ)		cobertura pagamentos
x	*x* + 1	*x* + 2	*x* + 3	*x* + 4		tempo idades

morte

Assim, teremos matematicamente a expressão que representa essa classe de seguros:

Equação 5.18

$$(VA)_x^\lambda = \sum_{t=0}^{w} (1 + t \cdot \lambda) \cdot {}_{t/}q_x \cdot v^{t+1}$$

Ou em sua forma comutada:

Equação 5.19

$$(VA)_x^\lambda = (1 - \lambda) \cdot A_x + \lambda (IA)_x$$

Ou, ainda, com base em valores de M_x, D_x e R_x:

Equação 5.20

$$(VA)_x^\lambda = (1 - \lambda) \cdot \frac{M_x}{D_x} + \lambda \cdot \frac{R_x}{D_x}$$

Uma segunda possibilidade que ocorre quando o capital é variável é obter valor atual do seguro de vida inteira com o mesmo primeiro termo igual à unidade e razão λ, de pessoa de idade x, a ser pago ao final do ano de óbito do titular, mas agora com o adendo de que o tempo deverá ser de pelo menos $(x + m)$ anos e será representado por $(V_{m/}A)_x^\lambda$.

Nesse caso, o PUP ocorrerá em vigência somente a partir dessa data de $(x + m)$, estipulado na apólice, em anos em qualquer época. Veja a representação na Figura 5.2.

Figura 5.2 – Representação da ideia de PUP de um seguro de vida inteira, com capital variável, crescente, pagável apenas no fim do período de vida para qualquer idade de $x + m$ anos

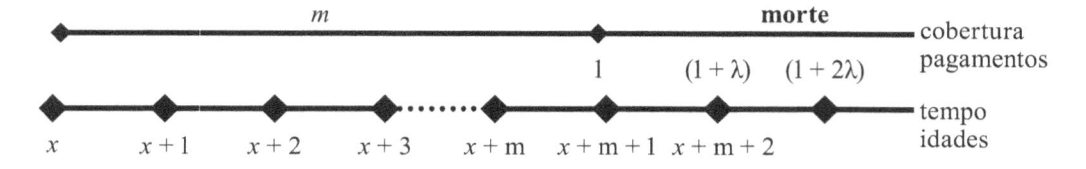

Matematicamente, o valor é obtido por:

Equação 5.21

$$(V_{m/}A)_x^\lambda = {}_mE_x \cdot (VA)_{x+m}^\lambda \rightarrow \frac{D_{x+m}}{D_x} \cdot \left[(1 - \lambda) \cdot \frac{M_{x+m}}{D_{x+m}} + \lambda \cdot \frac{R_{x+m}}{D_{x+m}} \right]$$

Ou ainda:

Equação 5.22

$$(V_{\underline{m}}A)_x^\lambda = \frac{(1-\lambda) \cdot M_{x+m} + \lambda \cdot R_{x+m}}{D_x} \rightarrow (1-\lambda) \cdot {}_{\underline{m}}A_x + \lambda \cdot (I_{\underline{m}}A)_x$$

Outra possibilidade dentro dessa classe é quando o valor atual do seguro de capital variável tem a unidade como seu primeiro termo, razão λ, e só será pago ao final do ano do óbito do titular de idade x, porém será necessário que essa data ocorra dentro de um período de vigência de n anos, ou seja, o PUP temporário será representado por $(VA)_{x:n}^{1^\lambda}$ e dado por:

Equação 5.23

$$(VA)_{x:n}^{1^\lambda} = \sum_{t=0}^{n-1}(1 + t \cdot \lambda) \cdot {}_{t/}q_x \cdot v^{t+1}$$

Ou na sua forma comutada:

Equação 5.24

$$(VA)_{x:n}^{1^\lambda} = (1-\lambda) \cdot A_{x:n}^1 + \lambda \cdot (IA)_{x:n}^1$$

Esse valor somente será pago se o segurado vier a óbito.

Na forma comutada, podemos escrever:

Equação 5.25

$$(VA)_{x:n}^{1^\lambda} = (1-\lambda) \cdot \frac{M_x - M_{x+n}}{D_x} + \lambda \cdot \frac{R_x - R_{x+n} - nM_{x+n}}{D_x}$$

E, caso ocorra deferimento, escreveremos do seguinte modo:

Equação 5.26

$$\left(V_{m/}A\right)_{x:n}^{1^\lambda} = (1-\lambda) \cdot {}_{m/}A_{x:n}^1 + \lambda \cdot (I_{m/}A)_{x:n}^1$$

Mais um caso é quando há o dote a si próprio, ou seja, o valor atual do seguro do capital variável, de primeiro termo unitário e razão λ, é pagavél ao fim do ano do óbito do titular de idade x, obedecendo à vigência dos n anos, ou se o próprio titular sobreviver à idade de $(x + n)$, tendo um valor de dote de $\left[1 + (n-1) \cdot \lambda\right]$. Isso será representado por $(VA)_{x:n}^\lambda$ e descrito como:

Equação 5.27

$$(VA)^{\lambda}_{x:n} = (1-\lambda) \cdot A^1_{x:n]} + \lambda \cdot (IA)^1_{x:n} + (1+(n-1)\cdot\lambda) \cdot {}_nE_x$$

Simplificando, temos:

Equação 5.28

$$(VA)^{\lambda}_{x:n} = (1-\lambda) \cdot A_{x:n]} + \lambda \cdot (IA)_{x:n]}$$

Com deferimento, teremos:

Equação 5.29

$$(V_{m/}A)^{\lambda}_{x:n} = (1-\lambda) \cdot {}_{m/}A_{x:n} + \lambda \cdot (I_{m/}A)_{x:n]}$$

E, para finalizar, na última classe em que o valor do seguro capital é variável temos o seu valor atual, de primeiro termo unitário e razão λ. Essa razão valerá até a idade de (x + n) e, após isso, teremos um título vitalício de valor $[1+(n-1)]\cdot\lambda$, valendo para o titular de idade *x*. Podemos representar essa classe por $(V_{\overline{n}|}A)^{\lambda}_x$, escrevendo:

Equação 5.30

$$(V_{\overline{n}|}A)^{\lambda}_x = (1-\lambda) \cdot A^1_{x:n} + \lambda \cdot (IA)^1_{x:n} + [1+(n-1)\cdot\lambda] \cdot {}_{n/}A_x$$

Obviamente, sempre é possível encontrar casos com particularidades que podem ser incluídos nessa lista, mas os cálculos serão com base nesses principais tipos. Assim, basta trabalhar com as ideias gerais e adaptá-las quando e se necessário para facilitar sua aplicação e entendimento.

5.2 Resseguro

Chamamos de *resseguro* quando uma seguradora transfere a outrem o risco que assumiu quando emitiu uma apólice de seguro. De forma mais simples, o resseguro é o seguro da seguradora. Assim, a seguradora minimiza as possibilidades de risco, mesmo tendo que ceder parte do prêmio recebido.

Realiza-se então um contrato, cuja principal função é manter a solvência dos segurados quando há grandes possibilidades de sinistro (grande risco). Hoje, em alguns casos específicos, o resseguro é obrigatório.

> **O QUE É**
>
> **Solvência** é a capacidade de uma empresa honrar com seus compromissos, atuais e futuros.

Segundo Pinheiro e Troccoli (2014), no Brasil, somente em 2008 as empresas privadas foram autorizadas a operar como resseguradoras, tanto as nacionais como as internacionais. As únicas que não são autorizadas a operar em nosso país, atualmente, são as que tem sede em paraísos fiscais.

Ainda segundo Pinheiro e Troccoli (2014), podemos classificar as resseguradoras presentes no Brasil em três principais tipos:

1. resseguradora local: empresa sediada no país;
2. resseguradora admitida: empresa sediada no exterior que possui escritório de representação no país;
3. resseguradora eventual: empresa sediada no exterior que não possui escritório de representação no país.

Além da classificação pelo tipo de sede, é possível classificar também os tipos de contrato do resseguro. Vamos começar falando do tipo de contrato de **condições originais**, ou seja, o ressegurador assume os riscos iniciais da seguradora. É do tipo proporcional, que obriga a pagar as mesmas provisões assumidas inicialmente.

Um segundo tipo de contrato é o **automático**. Nesse tipo de contrato, em que a responsabilidade do ressegurador é automática, são determinados limites de cobertura, riscos etc. Quando os riscos são muito grandes, pode-se fazer outro contrato, avulso, de modo a complementar o original.

Temos o resseguro do tipo **facultativo**. Nesse caso, não existe cobertura automática e, desse modo, a seguradora precisa solicitar a cobertura do resseguro e cada caso é estudado individualmente.

O caso seguinte de contrato é o do tipo **catástrofe**. Esse tipo de seguro ocorre quando há necessidade de segurar sinistros de grandes proporções, que ultrapassam o denominado *limite de catástrofe*, em que os prejuízos ultrapassam ou não são proporcionais aos valores segurados. Normalmente, os sinistros se referem a eventos de causas naturais, incêndios, explosões etc. – para esses casos, a resseguradora ajusta os valores para um limite máximo de responsabilidade, e como esses valores geralmente são altos, é comum que as seguradoras trabalhem com consórcios ou *pools*.

> **O QUE É**
>
> ***Pools*** são convênios de várias seguradoras para fornecer seguros de alto risco.

O próximo tipo de contrato que abordaremos é o **diferenciado**, no qual há condições fora de padrões para atender cada perfil de segurado.

O tipo de contrato de **excedente de responsabilidade** é considerado a forma mais comum de resseguro. O contrato é do tipo proporcional e a seguradora que cede a apólice é obrigada ceder parcialmente ou totalmente os valores que excedem os limites de retenção.

Já o contrato que possui **excesso de danos** é não proporcional, pois o segurador fixa valores para diferentes sinistros, ou ainda valores para pacotes de possibilidades de sinistros em determinado prazo. Quando o limite de sinistro é atingido, cabe ao segurador arcar com as indenizações.

Para o contrato por **excesso de sinistralidade**, tipo de seguro não proporcional, o seguro deve suportar a quantidade de sinistros quando estes ultrapassarem o valor da quota. Essa modalidade é conhecida como *resseguro misto de quotas de parte e de excedente*.

Quando falamos em contratos em que o ressegurador assume a carteira ou a sinistralidade total, ou seja, acaba arcando com valores diferentes daqueles iniciais, o contrato é do tipo **não proporcional**. Nesse caso, são desconsiderados os riscos isoladamente, sendo considerada uma sinistralidade do tipo global, com tarifas ajustadas durante o resseguro.

Finalmente, citamos o ***stop loss***, em que o ressegurador se compromete a pagar os sinistros de forma anual e os valores e demais detalhes contratuais são fixados previamente; normalmente, os valores desses sinistros se referem a uma porcentagem da receita dos prêmios. Para esse caso, o resseguro é obrigatório por lei, ou seja, não é um tipo de resseguro facultativo.

5.3 Relações entre seguros e renda

Como vimos anteriormente, os serviços de seguro no Brasil só começaram a ganhar força no início do século XX, em meados dos anos 1900. Hoje contamos com a Susep, com órgãos como o Conselho Nacional de Seguros Privados (CNSP) e o Conselho Nacional de Seguradoras (CNSEG), entre outros, além das empresas de seguro, resseguro e corretoras.

Segundo Abreu e Fernandes (2010), o Brasil quase sempre operou com o que eles chamam de *mercado livre de seguros*, ou seja, apesar de o Governo restringir seguradoras estrangeiras, no âmbito nacional, ele não se envolvia com as seguradoras. Esse mercado foi reaberto a empresas internacionais somente em meados dos anos 1990 e, segundo Cummins e Vernard (2008), houve uma reação imediata do mercado com aumento de participação em empresas estrangeiras na casa de 6% para 30% em menos de 2 anos.

Veja, no Gráfico 5.1, o crescimento do número de empresas de seguro e resseguro no Brasil nos últimos anos.

Gráfico 5.1 – Crescimento do número de empresas de seguro e resseguro no Brasil

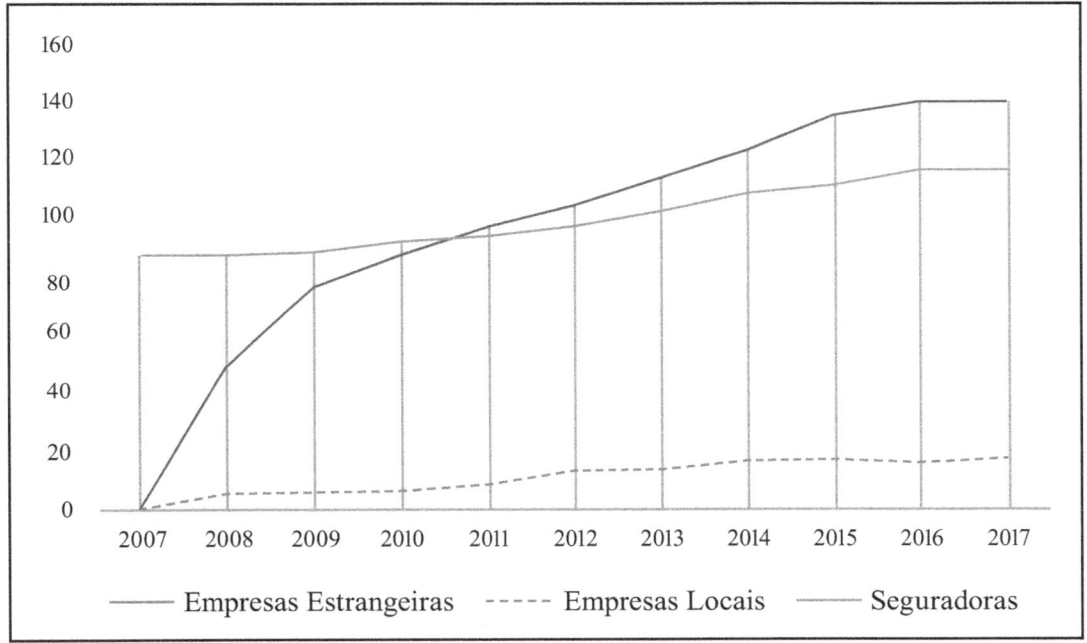

Fonte: Cavalcante, 2017, p. 33.

A implementação do Plano Real, em vigência até o momento, foi outro marco para os seguros no Brasil, pois, com a economia mais estável, a inflação em estabilidade ou decrescendo, as pessoas passaram, ao mesmo tempo, a temer o que poderia acontecer com a economia do país e ter mais posses para trabalhar com a ideia do seguro.

Veja, no Gráfico 5.2, dados em relação ao aumento dos prêmios de seguros de vida e não vida a partir de 1995, cerca de um ano após a implementação do Plano Real.

Gráfico 5.2 – Prêmios, em milhões de reais, pagos em detrimento de seguros de vida e não vida

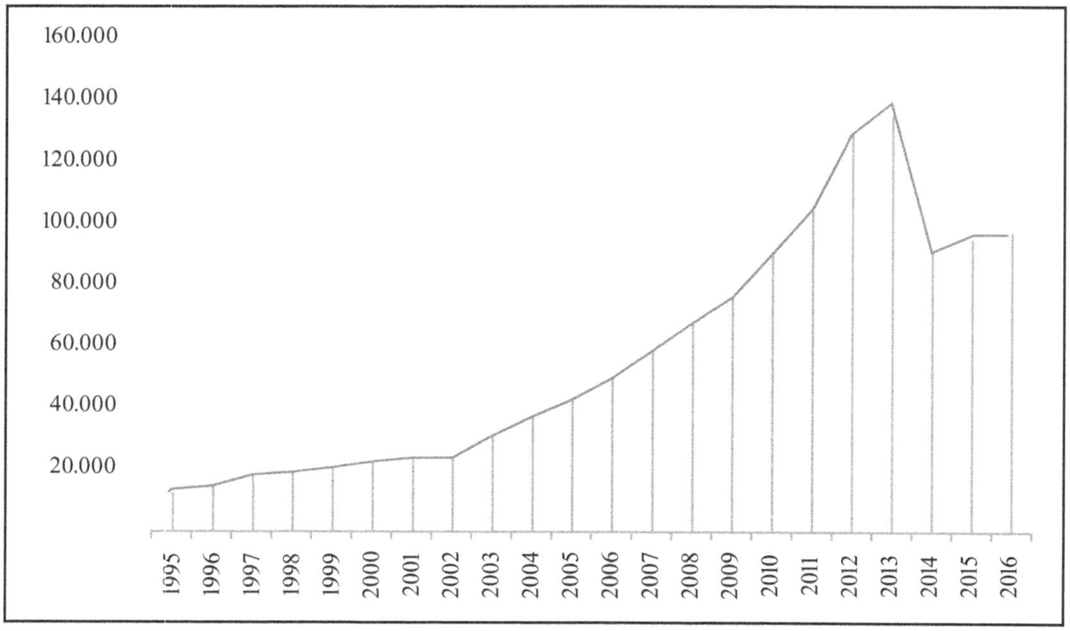

Fonte: Cavalcante, 2017, p. 34.

O que é

- **Seguros não vida** – Seguros relacionados a riscos de responsabilidade civil.
- **Seguros de vida** – Seguros relacionados à vida, morte, invalidez ou capitalização clássica.

Com as informações anteriores, podemos perceber a importância em se conhecer o mercado econômico do país e mundial, para entender a dinâmica das relações entre rendas e seguros. Assim também é possível prever a importância e a complexidade da relação entre os bancos e o mercado de seguros, inclusive do ponto de vista governamental, pois são esses dados que auxiliam em estratégias de desenvolvimento financeiros mais eficazes.

Como o mercado bancário está intrinsecamente ligado ao mercado de seguros, como citam Liu e Zhang (2016), os bancos oferecem mais crédito quando existe um seguro envolvido. É bastante comum, ao realizarmos um empréstimo de alto valor agregado – para imóveis e automóveis, por exemplo –, estarem embutidos no contrato valores relativos a um seguro, como garantia de recebimento de valores por parte do banco.

Também vemos muitos seguros ditos *tradicionais* (de vida, para imóveis etc.) sendo comercializados diretamente pelos bancos, o que reduz gastos em *marketing*, de pessoal etc., e chegamos assim ao ponto de cerca de um terço de todas as empresas de corretoras de seguros no Brasil pertencerem ou estarem vinculadas a empresas bancárias.

Mas quem consome esse mercado de seguros no Brasil?

Segundo o *site* Legiscor (2020), em um estudo realizado pela Mapfre Seguros, o Brasil é o 8° país, dentre 96 países pesquisados, com maior potencial de crescimento no setor de seguros, segundo o Índice Global de Seguros Potenciais (GIP). Esse índice se baseia no crescimento econômico e populacional dos países levando em conta os riscos envolvidos nesse desenvolvimento econômico e social.

Outro dado interessante é o fato de que, segundo a VTN Comunicação (Mulheres..., 2021), 60% dos segurados no Brasil são mulheres. O texto indica que, o destaque a políticas de segurança pública voltadas especificamente para mulheres, como a Lei Maria da Penha, a obrigatoriedade nos planos de saúde da colocação do DIU (dispositivo intrauterino) e o aumento do número de motoristas mulheres (que passam de 40% dos motoristas que causam ou sofrem cerca de 7% dos acidentes, apenas) acabam por aumentar esse mercado feminino de seguros.

Quando o assunto são classes sociais, a revista *Apólice* relata que, em 2019, o seguro de vida chegava a 28% para as classes A e B, 15% para a classe C e apenas 5% para as classes C e D (Pesquisa..., 2019).

Ainda na pesquisa da revista *Apólice* é indicado que, quanto maior o grau de instrução e escolaridade, maior é o esclarecimento sobre o assunto seguro, e que cerca de 26% das pessoas que possuem ensino superior também possuem seguro de vida.

Hoje existe mais um fator que deve ser considerado ao se realizar a análise dos consumidores na área do seguro: a pandemia de covid-19.

Pudemos presenciar diáriamente os impactos, diretos e indiretos, que a pandemia causou nas economias locais, nacional e mundial. E claro, a indústria do seguro também sofreu essas consequências, mas de forma diferente. Houve aumentos de cerca de 14%, segundo Bueno (2022), no faturamento na área de seguros. O principal aumento ocorreu na área de seguro de vida, com cerca de 17% de acréscimo.

O *site* Tex Tecnologia (Tomaz, 2022) afirma que um dos motivos para o crescimento da área é o atendimento *online*, que possibilitou uma facilidade de acesso em tempos em que encontros presenciais eram evitados. Outro motivo apontado pelo texto citado é o fato da sensibilização por causa da grande quantidade de mortes devido à doença. As pessoas passaram a se preocupar de forma mais consistente com a ideia de sofrer uma fatalidade e deixar a família desamparada.

Esse novo comportamento de vendas *online*, facilidade de acesso e preocupação com o bem-estar familiar em caso de um sinistro vem atrelado à planos mais acessíveis e simples e maior flexibilidade nas apólices, para que seja possível atender necessidades específicas.

Sendo assim, os principais envolvidos na área de seguros prevêm um aumento ainda maior desse setor, o que aumenta as possibilidade de se trabalhar nesse campo.

5.4 Prêmios puros e carregados

Segundo a definição da Superintendência de Seguros Privados – Susep (Brasil, 2022b), prêmio é o valor de cada um dos pagamentos que são pagos ao titular ou beneficiário de uma apólice, normalmente visando cobrir um determinado risco. Os prêmios apresentam algumas ramificações, como o prêmio puro e o prêmio carregado. Veremos agora um pouco mais detalhadamente cada um deles.

5.4.1 Prêmios puros

Segundo a Susep (Brasil, 2022b), podemos chamar de *prêmio puro* ou *estatístico* àquele em que a parcela do prêmio é suficiente para pagar as despesas com relação ao risco que a seguradora acaba assumindo. Assim, o cálculo do valor esperado e das possíveis indenizações que a seguradora pode vir a pagar será igual ao prêmio cobrado, cobrindo esse risco.

Dizemos, então, que uma característica desse tipo de prêmio é que a seguradora não fica protegida de eventuais indenizações, que podem ser de valores elevados, assim como não leva em consideração a ideia de lucro.

Ainda segundo a Susep (2022b), quando falamos que o prêmio é ***puro***, é pelo fato de que nesse valor não se adiciona nenhuma carga técnica, nem de gestão, nem comercial.

Esse tipo de prêmio ainda pode ser subdividido em *prêmio puro único*, que é pago em uma única parcela, e *prêmio puro nivelado*.

O prêmio puro único é aquele em que o pagamento se realiza de uma só vez, em uma única parcela, ao chegar a data do pagamento. Essa forma de pagamento é bastante rara. Já o prêmio puro nivelado, mais usual, ocorre quando os pagamentos são parcelados e levam em consideração a função de sobrevivência do segurado.

Em geral, a periodicidade desse tipo de prêmio é anual, ou seja, o segurado paga um prêmio nivelado (constante) no início de cada ano sobrevivido. Ao receber o prêmio, ao final do período, o valor do primeiro ano terá sofrido uma capitalização, enquanto no último ano o valor do prêmio será equivalente ao mesmo valor pago pelo segurado. Para seu cálculo, utiliza-se o princípio da equivalência, estabelecendo o valor esperado no tempo 0 e o benefício a ser recebido.

De forma bastante simples, podemos escrever, matematicamente, o prêmio puro ou estatístico como:

Equação 5.31

$$\text{Premio puro} = \frac{\text{Total de indenizações}}{\text{n. de seguros}}$$

Veja um exemplo a seguir.

Exercício resolvido

Considere uma seguradora que possui 90 mil apólices em sua carteira, e pagou 80 indenizações por morte, somando um montante de R$ 13.500.000,00 a ser pago. Qual foi então o prêmio puro dessa seguradora?

Resolução

Usando a Equação 5.31, temos:

$$\text{Prêmio puro} = \frac{\text{Total de indenizações}}{\text{n. de seguros}}$$

$$\text{Prêmio puro} = \frac{13\,500\,000}{90\,000} = 150$$

Podemos afirmar, assim, que essa seguradora teve 150 prêmios estatísticos no período.

Agora imagine a seguinte situação: o segurado está à procura de um fundo de pensão adicional. Ele tem um valor exato de quanto pode contribuir anualmente para depois usufruir ao se aposentar, daqui a *n* anos. Assim, o segurado gostaria de saber qual o benefício que irá receber ao realizar tais depósitos durante sua vida laboral. Veremos mais sobre esse assunto a seguir.

5.4.2 Prêmios carregados

Quando falamos de *prêmios carregados*, estamos falando de prêmios em que já estão embutidos os valores das despesas administrativas, como as comissões dos corretores, os fundos de pensão, as despesas médicas, os salários dos funcionários etc.

Tais valores (despesas) devem ser incluídos conforme sua incidência. Assim, podemos afirmar que, quando se trabalha com uma empresa de seguros, haverá alguns valores de despesas que sempre serão incluídos, como salários, despesas de informática, aluguel, impostos etc., bem como aqueles valores relacionados aos riscos.

Normalmente, é possível dividir os prêmios carregados em três principais tipos: 1) prêmio de inventário; 2) prêmio "zillmerado"; e 3) prêmio comercial.

O **prêmio de inventário**, também chamado de *risk premium plus administrative expenses*, pode ser definido, segundo a Susep (Brasil, 2022b), como o prêmio puro adicionado de despesas administrativas, ou seja, a seguradora é quem paga as indenizações e demais despesas.

Normalmente, nesses casos, o segurado realiza pagamentos de forma nivelada até que venha a óbito, e o prêmio é dado por:

Equação 5.32

$$P = \frac{A_x}{\ddot{a}_x}$$

Esse prêmio é suficiente para cobrir os riscos do prêmio puro e as despesas da seguradora, assim, o prêmio anual de inventário, P^γ, é tal que $E(L) = 0$. Lembrando que esse L é dado pela obrigação da seguradora (Z), subtraído do valor (Y), que seria obrigação do segurado, ou seja:

Equação 5.33

$$L = Z - Y$$

Como podemos escrever Z como uma função do tempo de vida adicional, temos:

Equação 5.34

$$Z = v^{k+1} + \gamma \ddot{a}_{\overline{k+1}|} \text{ para } k \geq 0$$

E Y é um compromisso do segurado a ser pago enquanto ele estiver vivo:

Equação 5.35

$$Y = P^\gamma \ddot{a}_{\overline{k+1}|} \text{ para } k \geq 0$$

Substituindo os dados na Equação 5.35, teremos:

Equação 5.36

$$L = Z - Y$$
$$E(L) = 0 = (Z) - E(Y)$$

E ficamos com:

Equação 5.37

$$E\left(v^{k+1} + \gamma\ddot{a}_{\overline{k+1}|}\right) = E\left(P^\gamma \ddot{a}_{\overline{k+1}|}\right)$$

Ou ainda:

Equação 5.38

$$A_x + \gamma\ddot{a}_x = P^\gamma \ddot{a}_x$$

Como $\gamma\ddot{a}_x$ é o valor atuarial da carga de gestão e $P^\gamma\ddot{a}_x$ é o prêmio puro único de inventário (Π^γ), podemos ainda escrever:

Equação 5.39

$$\Pi^\gamma = A_x + \gamma\ddot{a}_x$$

Depois de algum algebrismo, podemos também escrever do seguinte modo:

Equação 5.40

$$P^\gamma = \frac{\Pi^\gamma}{\ddot{a}_x}$$

O **prêmio "zillmerado"**, segundo Pires e Costa (2023), foi descrito por August Zilmer (1831-1893), em 1863. Trata-se de um tipo de prêmio comercial adicionado de todas as cargas comerciais. Isso faria com que a seguradora conseguisse ter certa reserva do seu capital.

Nesse caso, então, o segurado pagará o prêmio durante certo período (geralmente nos primeiros anos da apólice), para sanar as despesas da seguradora, e depois pagará o prêmio devido ao risco propriamente dito.

Se tomarmos α como sendo o gasto inicial da seguradora, podemos escrever:

Equação 5.41

$$E(Z) = A_x + \alpha$$

E a parte que é de responsabilidade do segurado, escreveremos como:

Equação 5.42

$$E(Y) = P^\alpha \ddot{a}_{x:\overline{s}|} + P_{s|}\ddot{a}_x$$

Aqui, P^α é o prêmio juntamente com as despesas gastas num período s, e P é o prêmio periódico nivelado, para seguros do tipo vitalício.

Substituindo os dados na Equação 5.33 novamente, teremos:

Equação 5.43

$$L = Z - Y$$
$$E(Z) - E(Y)$$

Ou ainda:

Equação 5.44

$$A_x + \alpha = P^\alpha \ddot{a}_{x:\overline{s}|} + P_{s|}\ddot{a}_x$$

Assim, poderemos obter:

Equação 5.45

$$P^\alpha = \frac{A_x}{\ddot{a}_{x:\overline{s}|}} + \frac{\alpha}{\ddot{a}_{x:\overline{s}|}} + \frac{P_{s|}a_x}{\ddot{a}_{x:\overline{s}|}}$$

E escrever:

Equação 5.46

$$P^\alpha = \frac{\alpha}{\ddot{a}_{x:\overline{s}|}} + P$$

Nesse último caso, teremos o prêmio constante puro de certa modalidade.

Por fim, o **prêmio comercial**, que também pode ser chamado de *prêmio de tarifa*, é o prêmio puro adicionado dos valores por exposição ao risco.

Para esse caso, temos então o tipo de prêmio que contempla os prêmios de inventário e "zillmerado" juntos, com todas as despesas comerciais sendo consideradas.

De forma análoga às outras duas formas de prêmio, teremos:

Equação 5.47

$$P^C = P + \gamma + \frac{\alpha}{\ddot{a}_{x:\overline{s}|}}$$

Como pudemos ver, os prêmios dependem muito do risco. A operadora, por meio de sua base de dados, irá analisar esse risco para determinar o quanto poderá pagar de indenização.

Para simplificar, vamos ver a seguir alguns exemplos. Primeiro, vamos lembrar que o prêmio de risco, também chamado *prêmio estatístico*, nada mais é do que repartir os prejuízos entre os segurados; sendo assim, depende do **custo médio** dos seus sinistros, que por sua vez é dado pela relação entre valor total de sinistros e número de eventos, bem como da **frequência** em que estes ocorrem, que envolve dados de sinistros e exposição em um intervalo de pelo menos um ano:

Equação 5.48

$$PE = CM \cdot FR$$

Exercício resolvido

Suponha que em certa seguradora tenhamos 1000 pessoas expostas à riscos e no intervalo estudado tenham ocorrido 40 sinistros que, somados os montantes pagos, chegaram a um número de R$ 200 mil. Qual seria a frequência estatística ou a taxa estatística dessa seguradora?

Vamos começar calculando o custo médio, dividindo o valor em reais pagos nos sinistros e o número de sinistros ocorridos no período:

$$CM = \frac{200\,000}{40} = 5\,000$$

Ou seja, o custo médio dos sinistros é de R$ 5 mil.

Agora, podemos calcular a frequência estatística:

$$PE = CM \cdot FR$$

$$FR = \frac{PE}{CM} = \frac{40}{1000} = 0,4$$

Assim, temos que a frequência estatística é de 0,04, ou que a taxa estatística é de 4%.

5.5 Regimes financeiros previdenciários

Os regimes financeiros nada mais são do que modelos matemáticos que demonstram, em planos de seguros a longo prazo, com determinado período de cobertura, o equilíbrio entre suas receitas, no caso, os prêmios, e suas despesas, que consistem nos sinistros pagos pela seguradora. Geralmente, são os valores dos prêmios cobrados pela seguradora que financiam o pagamento de sinistros a outro segurado.

De acordo com Peres (2016), existem três tipos principais de regimes financeiros: 1) de repartição simples; 2) de repartição de capitais de cobertura; e 3) capitalização. O autor citado comenta que a principal diferença entre os regimes de repartição simples e repartição de capitais de cobertura é a forma como será realizado o pagamento do capital segurado. Em ambos os casos, utiliza-se a ideia de risco para estruturar os planos, mas quando o pagamento se dá à vista, ocorre o regime financeiro de repartição simples, e quando o capital é pago em forma de renda, ou seja, em parcelas, ocorre o regime financeiro de repartição de capitais de cobertura.

Para a chamada *previdência complementar*, os conceitos que acabamos de ver também são válidos, a diferença é que normalmente são utilizados os termos *contribuição* e *benefícios*.

Os regimes financeiros previdenciários, no Brasil, são do tipo repartição simples. Ou ainda, se vierem da previdência complementar, são do tipo acumulação.

Veja o esquema apresentado na Figura 5.3, a seguir.

Figura 5.3 – Esquema de divisão do sistema previdenciário brasileiro atual

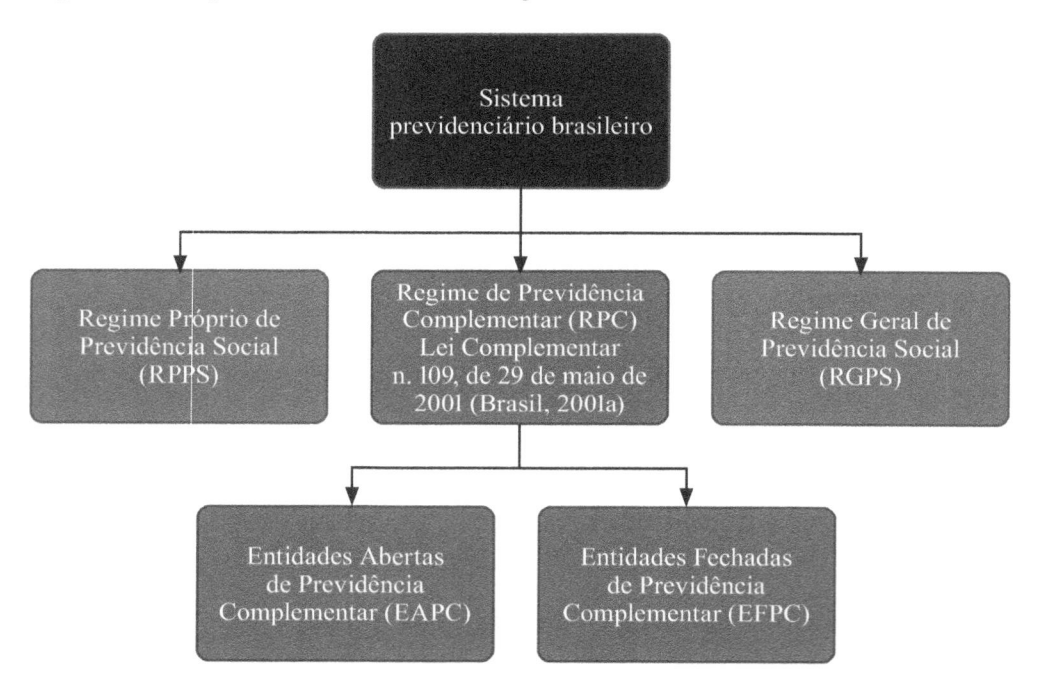

```
                    Sistema
              previdenciário brasileiro
         ┌──────────────┼──────────────┐
   Regime Próprio de   Regime de Previdência    Regime Geral de
   Previdência Social  Complementar (RPC)       Previdência Social
       (RPPS)          Lei Complementar             (RGPS)
                       n. 109, de 29 de maio de
                       2001 (Brasil, 2001a)
                              │
                    ┌─────────┴─────────┐
              Entidades Abertas    Entidades Fechadas
              de Previdência       de Previdência
              Complementar (EAPC)  Complementar (EFPC)
```

Ainda podemos afirmar que, no Brasil, temos um Regime Geral de Previdência Social (RGPS), que tem uma natureza pública, cuja filiação é obrigatória. O benefício é bem delimitado e tem um caráter contributivo, em que empresa, empregador e trabalhador estão intimamente envolvidos.

Mas como isso funciona? Os trabalhadores contribuem ao longo da chamada *vida laboral*. Os valores são utilizados para pagar os benefícios de quem já se encontra aposentado ou que porventura acaba por se afastar do trabalho por motivos alheios, como por doença. Quando a pessoa se aposenta, será paga com a contribuição de outros trabalhadores, que também, por sua vez, estão contribuindo naquele momento. Esse é um modelo muito bom na teoria, porém, como sabemos, existe um aumento da expectativa de vida das pessoas, ou seja, as pessoas estão vivendo mais, e, consequentemente, receberão o benefício por mais tempo, assim como está diminuindo o número de pessoas em idade laboral, ou seja, isso diminui o número de contribuintes no momento em questão. O problema não é somente no Brasil. Vemos pelo mundo afora que esses números só se repetem.

Para saber mais

Caso queira saber mais sobre regulamentação dos seguros no Brasil, você pode acessar o *link* indicado a seguir:

SUSEP – Superintendência de Seguros Privados. Disponível em: <https://www.gov.br/susep/pt-br>. Acesso em: 20 nov. 2022.

Se for se aprofundar mais na área seguros de saúde, também pode visitar o portal da Agência Nacional de Saúde (ANS):

ANS – Agência Nacional de Saúde. Disponível em: <http://www.ans.gov.br>. Acesso em: 22 nov. 2022.

O artigo indicado a seguir fala sobre a relação entre seguro e renda:

MENDONÇA, A. P. Seguro e renda. São Paulo, **SindSeg SP**, 25 nov. 2016. Disponível em: <http://www.sindsegsp.org.br/site/colunista-texto.aspx?id=1126>. Acesso em: 22 nov. 2022.

Síntese

Iniciamos este capítulo falando da ideia geral dos seguros no Brasil. Comentamos como surgiram os seguros no Brasil, depois, definimos conceitos importantes, como apólice, risco, segurado, seguradora, sinistros, indenização, prêmio etc., para podemos falar dos seguros por falecimento de forma mais simplificada. Diferenciamos os seguros por capital constante e variável, falamos do resseguro e das relações entre seguro e renda. Por fim, tratamos dos prêmios puros e carregados, que podem se subdividir em de inventário, "zillmerado" e comercial, para finalmente falarmos dos regimes financeiros previdenciários.

Questões para revisão

1) (FGV/Banestes – Assistente Securitário – 2018) Sobre o resseguro, analise as informações a seguir.

   I. Ressegurador local é aquele que está sediado no país, constituído sob a forma de sociedade anônima, tendo por objeto exclusivo a realização de operações de resseguro e retrocessão.
   II. Na operação de resseguro várias seguradoras assumem o risco de um segurado simultaneamente e figuram registradas nas apólices de seguro com as suas respectivas responsabilidades em caso de sinistro, com a aprovação do segurado.
   III. Ressegurador eventual é o ressegurador estrangeiro com mais de cinco anos de operação no mercado internacional e que, além de estar registrado na SUSEP, mantém escritório de representação no Brasil, dentre outros pré-requisitos.

   De acordo com as normas de resseguro vigentes:

   a. somente a informação "I" está correta;
   b. somente as informações "I" e "II" estão corretas;
   c. a informação "I" está correta porque o ressegurador que está obrigado a ter sua sede no Brasil é o "admitido";
   d. a informação "II" está correta porque a operação de resseguro é uma relação entre seguradoras e deve constar das apólices para a ciência e concordância do segurado;
   e. a informação "III" estaria correta se o ressegurador estrangeiro estivesse no Brasil com mais de três anos e não cinco anos.

2) Sobre os tipos de prêmios estudados no capítulo, assinale a alternativa **incorreta**:

   a. O prêmio de inventário pode ser definido como o prêmio puro adicionado de despesas administrativas, ou seja, a seguradora é quem paga as indenizações e demais despesas.
   b. O prêmio de inventário é um prêmio suficiente para cobrir os riscos do prêmio puro e as despesas da seguradora.
   c. O prêmio "zillmerado" é um tipo de prêmio comercial adicionado de todas as cargas comerciais.
   d. O prêmio comercial é o prêmio puro subtraído dos valores por exposição ao risco.
   e. Com o tipo de prêmio "zillmerado", a seguradora consegue ter certa reserva do seu capital.

3) Sobre o modelo matemático referente ao regime previdenciário, analise as afirmações como verdadeiras (V) ou falsas (F).

( ) Nesse tipo de regime, geralmente os valores dos prêmios que a seguradora cobra é o que financia o pagamento dos sinistros de outros segurados.

( ) De acordo com Peres (2016), existem três tipos principais de regimes financeiros: 1) de repartição simples; 2) de repartição de capitais de cobertura; e 3) capitalização.

( ) Na previdência brasileira, temos um tipo de repartição simples ou de acumulação, dependendo de sua origem.

Assinale a alternativa que apresenta a sequência correta:

a. V, F, V.
b. V, V, V.
c. F, F, F.
d. V, F, F.
e. F, V, V.

4) No Brasil, qual é o órgão responsável pelo controle, regulação, incentivo e capitalização do resseguro?

5) Dentre os elementos a seguir relacionados diretamente como qualquer tipo de seguros, quais não são considerados essenciais? E por quê?

apólice	prêmio	segurador
segurado	indenização	risco

Questões para reflexão

1) Na maioria dos países não existe um plano previdenciário de aposentadoria público ou governamental. Eles são do tipo previdência privada, ou seja, a pessoa vai pagando voluntariamente valores, para que, ao decidir se aposentar, possa gozar de uma renda. Quais vantagens e desvantagens você pode citar quanto a esse tipo de previdência? Qual tipo você considera mais vantajoso para o beneficiário?

2) Por que, quando falamos em resseguro, ele deve possuir uma natureza internacional?

Conteúdos do capítulo

- Modelos de vidas conjuntas.
- Rendas no modelo de vidas conjuntas.
- Rendas no caso de último sobrevivente.
- Modelos de múltiplos decrementos.
- Tábuas de múltiplos estados.

Após o estudo deste capítulo, você será capaz de:

1. definir o que é modelo de vidas conjuntas;
2. saber como funcionam as rendas para vidas conjuntas;
3. indicar as funções que regem as ideias de último sobrevivente;
4. reconhecer e diferenciar as tábuas de único e de múltiplos decrementos, bem como suas principais funções;
5. identificar as ideias relacionadas às tábuas de múltiplos estados.

6
O último sobrevivente

Até aqui, foram apresentados vários tópicos, sempre considerando apenas uma vida. Porém, um modelo muito comum que existe são as rendas conjuntas ou rendas sobre o casal, caso em que o atuário deve considerar duas ou mais vidas para todos os cálculos. Para esse tipo de possibilidade, existem dois tipos principais do chamado *status* de vida: de vida conjunta e do último sobrevivente.

6.1 Modelos de vida conjunta

Para os sistemas de vida conjunta, o *status* de vida é considerado enquanto todos os indivíduos do grupo, independentemente de quantos são, estiverem vivos. Porém, quando um indivíduo do grupo falecer, esse *status* é quebrado.

Vamos ver um exemplo em que levaremos em conta dois indivíduos, com idades x e y.

A probabilidade de sobrevivência de dois indivíduos se manterem vivos por uma determinada quantidade de anos, aqui denominada n, vai ser calculada pela multiplicação das probabilidades de sobrevivência de cada indivíduo:

Equação 6.1

$$_n p_{x,y} = {_n p_x} \cdot {_n p_y} = \frac{l_{x+n} \cdot l_{y+n}}{l_x \cdot l_y}$$

Também é possível escrever as probabilidades de os mesmos indivíduos virem a falecer antes dos n anos que foram considerados:

Equação 6.2

$$_n q_{x,y} = 1 - {_n p_{x,y}} = 1 - \frac{l_{x+n} \cdot l_{y+n}}{l_x \cdot l_y}$$

Caso haja mais indivíduos envolvidos, basta colocar mais termos, tanto quanto o número de indivíduos, nas equações.

6.1.1 Rendas para o modelo de vida conjunta

Neste momento, falaremos da ideia de como funciona o valor presente ao se considerar a renda de uma unidade monetária (u.m.) a ser paga para um casal de idades *x* e *y*, por certo período, enquanto ambos os indivíduos estiverem vivos. É importante frisar que, para que esse benefício seja pago, ambos os indivíduos devem estar vivos.

Nesse caso, podemos escrever a equação em forma de somatória para demonstrar um exemplo desse tipo de renda, a ser paga ao casal, ambos vivos, de forma antecipada e vitalícia:

Equação 6.3

$$\ddot{a}_{x,y} = \sum_{t=0}^{\infty} {}_tp_{x,y} \cdot v^t = \sum_{t=0}^{\infty} \frac{l_{x+t} \cdot l_{y+t} \cdot v^{\frac{x+y}{2}+t}}{l_x \cdot l_y \cdot v^{\frac{x+y}{2}}}$$

Simplificando a expressão, teremos:

Equação 6.4

$$\sum_{t=0}^{\infty} \frac{l_{x+t,y+t} \cdot v^{\frac{x+y}{2}+t}}{l_{x,y} \cdot v^{\frac{x+y}{2}}}$$

Se escrevermos a mesma expressão em função de D_x, teremos:

Equação 6.5

$$\sum_{t=0}^{\infty} \frac{D_{x+t,y+t}}{D_{x,y}} = \frac{N_{x,y}}{D_{x,y}}$$

Nessa expressão, $D_{x,y} = l_{x,y} \cdot v^{\frac{x+y}{2}}$ e $D_{x+t,y+t} = l_{x+t,y+t} \cdot v^{\frac{x+t}{2}+t}$.

Dessa forma, poderemos escrever:

Equação 6.6

$$N_{x,y} = \sum_{t=0}^{\infty} D_{x+t,y+t}$$

Esse tipo de *status* serve para quando há os dois ou mais indivíduos vivos. Para o caso de morte de um deles, há outras funções, chamadas de *funções de sobrevivência*, ou do último sobrevivente, que verificaremos a seguir.

Exemplificando
Para qualquer tipo de renda se faz necessário conhecer as esperanças ou as expectativas de vida dos indivíduos envolvidos. E quando falamos das *rendas conjuntas*, esses valores influenciam ainda mais, pois é importante levar em consideração que, quanto maior a expectativa de vida, maiores tendem a ser os valores presentes atuariais, e, consequentemente, as taxas de probabilidade de sobrevivência também aumentam. Outro fator importantíssimo a ser considerado é que a expectativa de vida da mulher é maior quando comparada a do homem, e isso pode alterar significativamente os cálculos de renda.

6.2 Funções de sobrevivência do último sobrevivente

Quando falamos em *último sobrevivente*, o *status* de vida é mantido enquanto pelo menos um dos indivíduos do grupo estiver vivo, e esse *status* só é quebrado quando todos os indivíduos falecerem.

Vamos novamente tomar dois indivíduos, com idades *x* e *y*, para a nossa análise. A probabilidade de que um indivíduo com idade *x* e outro com a idade *y* permaneçam vivos por *n* anos é novamente dada pelo produto das probabilidades individuais da sobrevivência, mas agora subtraímos a probabilidade de sobrevivência conjunta:

Equação 6.7

$$_n p_{\overline{x,y}} = {_n p_x} + {_n p_y} - {_n p_{x,y}}$$

Ou ainda:

Equação 6.8

$$\frac{l_{x+n}}{l_x} + \frac{l_{y+n}}{l_y} - \frac{\left(l_{x+n} \cdot l_{y+n}\right)}{l_x \cdot l_y}$$

Da mesma forma, podemos escrever as probabilidades de os mesmos indivíduos com as idades *x* e *y* falecerem antes dos *n* anos considerados:

Equação 6.9

$$_nq_{\overline{x,y}} = 1 - {_np_{\overline{x,y}}} = 1 - \frac{l_{x+n}}{l_x} + \frac{l_{y+n}}{l_y} - \frac{(l_{x+n} \cdot l_{y+n})}{l_x \cdot l_y}$$

6.2.1 Rendas para último sobrevivente

A rendas para o *status* de último sobrevivente é dado pelo valor presente da série de 1 u.m., a qual será paga levando em consideração o nosso exemplo do casal de idades *x* e *y*, em certo período, enquanto ambos estiverem vivos; nesse caso, o benefício, só cessa quando ambos os indivíduos falecerem.

Dentro dessa ideia de rendas, há dois casos principais: 1) de renda vitalícia antecipada; e 2) de renda vitalícia diferida antecipada.

No primeiro caso, quando se trata da renda vitalícia antecipada, levando em consideração dois indivíduos de idades *x* e *y*, teremos o valor presente da série de 1 u.m., o qual será pago enquanto um dos dois indivíduos estiver vivo. Nesse caso, a renda é paga enquanto pelo menos um dos indivíduos sobreviver e será definida por:

Equação 6.10

$$\ddot{a}_{\overline{x,y}} = \ddot{a}_x + \ddot{a}_y - \ddot{a}_{x,y}$$

Vamos ver um exemplo.

Exercício resolvido

Imagine um casal, o indivíduo *x*, com 65 anos, homem, e o indivíduo *y*, com 60 anos, mulher, que busca uma renda complementar à aposentadoria. Para isso, eles contratam um plano de renda de R$ 40 mil anuais, de forma antecipada e vitalícia. No contrato, firmam que essa renda será recebida pelo indivíduo *x* ou pelo indivíduo *y*, enquanto ambos ou um deles estiver vivo. Qual seria o valor de contribuição dos indivíduos para terem direito a essa renda?

Observação: vamos aqui considerar a BR-SEM-mt v. 2010 (tábua brasileira que mostra o mercado segurador brasileiro, na sua versão de 2010 – Brasil, 2021) e uma taxa de juros de 5%.

Veja a Figura 6.1 para facilitar o entendimento.

Figura 6.1 – Fluxo de pagamento para renda vitalícia antecipada

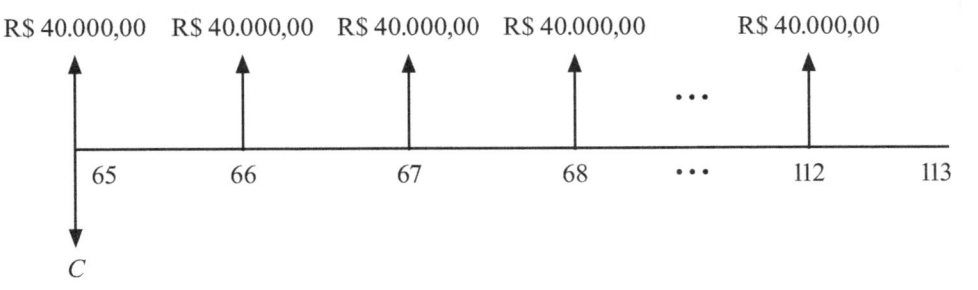

```
R$ 40.000,00   R$ 40.000,00   R$ 40.000,00   R$ 40.000,00         R$ 40.000,00
     ↑              ↑              ↑              ↑        ...         ↑
─────┼──────────────┼──────────────┼──────────────┼────────────────────┼──────────
     65             66             67             68       ...        112    113
     ↓
     C
```

Vamos começar, então, utilizando:

$$\ddot{a}_{\overline{x,y}} = \ddot{a}_x + \ddot{a}_y - \ddot{a}_{x,y}$$
$$\ddot{a}_{\overline{65,60}} = \ddot{a}_{65} + \ddot{a}_{60} - \ddot{a}_{65,60}$$

Para o indivíduo x, com 65 anos, utilizamos:

$$\ddot{a}_{65} = \frac{N_{65}}{D_{65}} = \frac{424\,640}{35\,154} = 12,079$$

Para o indivíduo y, com 60 anos, devemos considerar:

$$\ddot{a}_{60} = \frac{N_{60}}{D_{60}} = \frac{755\,617}{50\,547} = 14,948$$

Para ambos, utilizamos:

$$\ddot{a}_{65,60} = \frac{N_{65,60}}{D_{65,60}} = \frac{418\,452\,608\,387}{37\,497\,138\,724} = 11,159$$

Assim, para:

$$\ddot{a}_{\overline{65,60}} = \ddot{a}_{65} + \ddot{a}_{60} - \ddot{a}_{65,60}$$

Teremos:

$$\ddot{a}_{\overline{65,60}} = 12,079 + 14,948 - 11,159 = 15,868$$

Como sabemos que o valor presente deverá ser de R$ 40 mil, faremos a multiplicação desse valor pelo termo que acabamos de encontrar:

$$C = 40\,000 \cdot 15,868 = 634\,720$$

Logo, para que os indivíduos x e y tenham essa renda anual de R$ 40 mil pelo resto da vida, de ambos ou de apenas um deles, o investimento deverá ser de R$ 634.720,00. Investimento esse bastante alto, mas lembre-se que os valores foram indicados apenas a fim de exemplificar a ideia, pois dificilmente uma pessoa investiria um valor tão elevado para obter esse retorno.

Para o segundo caso de renda, a renda vitalícia diferida antecipada para duas vidas, temos que o valor presente da série de 1 u.m. a ser paga será acrescida do termo *n*. A renda ainda será paga enquanto um dos indivíduos estiver vivo e é o tipo de plano escolhido pela maioria das pessoas que busca contratar um plano previdenciário. Será definida por:

Equação 6.11

$$_{n|}\ddot{a}_{\overline{x,y}} = {_{n|}}\ddot{a}_x + {_{n|}}\ddot{a}_y - {_{n|}}\ddot{a}_{x,y}$$

Vejamos um exemplo desse caso.

Exercício resolvido

Imagine um casal, cujo indivíduo *x* tem 40 anos, mulher, e o indivíduo *y* tem 48 anos, homem, que está pensando em contratar um plano de renda no valor de R$ 4 mil por mês, a ser recebido de forma antecipada e vitalícia, a partir dos 60 anos do indivíduo *x*, enquanto um deles estiver vivo. A contribuição será paga pela mulher de forma anual durante o período de diferimento do benefício, apenas enquanto ela estiver viva e considerando a tábua atuária AT-2000 (tábua de mortalidade geral, gerada no ano de 2000, que deve ser utilizada nas avaliações atuariais dos planos de benefício, no mínimo, pois existem tábuas mais atuais e mais detalhadas) e com taxa de juros de 4%. Qual valor eles devem pagar para então receber tal benefício?

Os cálculos aqui serão um pouco diferenciados do exemplo anterior por dois motivos: 1) o pagamento não será único, e sim anual até a data de retorno dos valores; e 2) a renda será paga de forma mensal.

Figura 6.2 – Fluxo de pagamento para renda fracionada diferida vitalícia antecipada

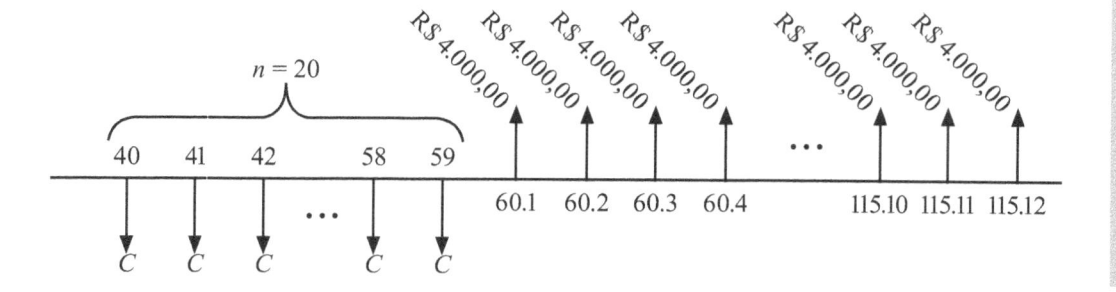

Como podemos observar na Figura 6.2, o pagamento será realizado nos primeiros 20 anos, de forma anual, e, após os 60 anos do indivíduo x, começarão a ser recebidos os valores mensalmente, que só cessarão após a morte dos dois indivíduos.

Assim, para iniciarmos os cálculos, vamos colocar os dados na fórmula básica e, depois, verificar termo a termo:

$$_{n|}\ddot{a}_{\overline{x,y}} = {}_{n|}\ddot{a}_x + {}_{n|}\ddot{a}_y - {}_{n|}\ddot{a}_{x,y}$$

$$C \cdot \ddot{a}_{\overline{40:20|}} = 4\,000 \cdot 12 \cdot {}_{20|}\ddot{a}^{12}_{40,38}$$

O termo $\ddot{a}_{\overline{40:20|}}$ corresponde à contribuição que será paga pelo indivíduo x, de 40 anos, ou seja, durante 20 anos. Essa contribuição depende, ou seja, só será paga, se o indivíduo estiver vivo, e assim será considerada apenas a sua probabilidade de sobrevivência.

Já o termo ${}_{20|}\ddot{a}^{12}_{40,38}$ corresponde à formulação da renda antecipada, com a diferença dos 20 anos. Lembrando que a renda será paga de forma mensal e vitalícia, sendo interrompida somente pela morte de ambos os indivíduos, sendo, assim, um *status* de último sobrevivente.

O valor será multiplicado por 12, pois o pagamento da renda será realizado de forma mensal.

Para continuar os cálculos, vamos utilizar as fórmulas de comutação, separadamente, depois voltaremos e juntaremos todos os termos.

Assim, teremos:

$$\ddot{a}_{\overline{40:20|}} = \frac{N_{40} - N_{20}}{D_{40}} = \frac{2\,565\,198 - 755\,617}{139\,874} = 12,937$$

Para o próximo termo, será necessário mesclar alguns conceitos, pelo fato de a renda ser do tipo antecipada, diferida, fracionada e para duas vidas, logo:

$$_{20|}\ddot{a}^{12}_{40,38} = {}_{20|}\ddot{a}^{12}_{40} + {}_{20|}\ddot{a}^{12}_{38} - {}_{20|}\ddot{a}^{12}_{40,38}$$

Calculando para a vida de 40 anos, teremos:

$$_{20|}\ddot{a}^{12}_{40} = {}_{20}E_{40} \cdot {}_{20|}\ddot{a}^{12}_{40+20} = \frac{N_{60}}{D_{40}} - \frac{12-1}{24} \cdot \left(\frac{D_{60}}{D_{40}}\right) = \frac{N_{60} - \left(\frac{11}{24}\right) \cdot D_{60}}{D_{40}}$$

$$_{20|}\ddot{a}^{12}_{40} = \frac{755\,617 - 0,4583 \cdot 50\,547}{139\,874} = 5,236$$

Agora, para a vida de 38 anos, teremos:

$$_{20|}\ddot{a}^{12}_{40} = \frac{N_{58} - \left(\frac{11}{24}\right) \cdot D_{58}}{D_{38}} = \frac{738\,906 - (0,4583) \cdot 52\,991}{151\,308} = 4,723$$

E para a junção das duas vidas, teremos:

$$_{20|}\ddot{a}^{12}_{40,38} = \frac{N_{60,58}}{D_{40,38}} - \left(\frac{11}{24}\right) \cdot \frac{D_{60,58}}{D_{40,38}}$$

$$_{20|}\ddot{a}^{12}_{40} = \frac{595\,645\,034\,841}{141\,900\,042\,772} - (0,4583) \cdot \frac{47\,650\,230\,308}{141\,900\,042\,772} = 4,044$$

Voltando à equação inicial:

$$_{20|}\ddot{a}^{12}_{40,38} = _{20|}\ddot{a}^{12}_{40} + _{20|}\ddot{a}^{12}_{38} - _{20|}\ddot{a}^{12}_{40,38}$$

$$_{20|}\ddot{a}^{12}_{40,38} = 5,236 + 4,723 - 4,044 = 5,915$$

Agora, vamos juntar os dados e voltar à nossa equação inicial:

$$C \cdot \ddot{a}_{\overline{40:20|}} = 4\,000 \cdot 12 \cdot {}_{20|}\ddot{a}^{12}_{40,38}$$

$$C \cdot 12,937 = 4\,000 \cdot 12 \cdot 5,915$$

$$C = \frac{283\,920}{12,937} = 21\,946,35$$

E assim podemos afirmar que, para este exemplo, o indivíduo x deverá contribuir anualmente com R$ 21.946,35, aproximadamente, para, após completar 60 anos, esse indivíduo e o indivíduo y recebam R$ 4 mil mensalmente, enquanto pelo menos um deles estiver vivo.

6.3 Modelos de múltiplos decrementos

Vimos, no decorrer de nossos estudos, vários processos de decrementos; eram decrementos simples, ou seja, somente um tipo de decremento era utilizado. Para as tábuas de vida, utilizamos em nossos estudos esse decremento simples, pois a única causa de saída de população até agora estudada era o decremento populacional, a morte do indivíduo. Porém, alguns aspectos da estatística atuarial podem necessitar de estudos levando em consideração decrementos, saídas da população, por outros motivos, por mais de uma causa, por um tipo diferente de morte. O indivíduo pode deixar a população por ter sido demitido, por estar aposentado, por ter recebido uma herança, enfim, são inúmeros os exemplos possíveis, e não simplesmente a morte do indivíduo, logo, é necessário pensar em mais de uma saída da população.

O QUE É

Segundo Candelária e Quinto (2017, p. 11), a **tábua de vida** "é uma tabela que apresenta o número de pessoas vivas e de pessoas mortas, em ordem crescente de idade, desde a origem até a extinção completa do grupo".

Quando há a necessidade de levar em consideração mais dados, utiliza-se o método de múltiplos decrementos, que pode ser aplicado aos dados ou em um período. Esse método é utilizado para construir uma tábua de vida que contenha mais informações além daquelas que já se encontram na tábua de vida de decremento único. São acrescidas colunas com essas funções de saída, cada uma com seu respectivo índice.

Segundo Souza (2017), o método de múltiplos decrementos foi todo baseado na teoria dos riscos competitivos, no século XIX. Essa teoria envolve situações em que o indivíduo está mais propenso a certo tipo de evento (risco). Isso pode ser colocado por diferentes causas de morte, diferentes formas de saída da ocupação.

Como isso ocorreria? Veja que, ao se construir a tábua de vida de múltiplos decrementos, são levadas em conta algumas causas de morte. Suponha que seja eliminada uma forma de morte dessa tabela. Assim, o indivíduo que se encaixaria na forma de morte eliminada teria de se encaixar em outra forma de morte, aumentando o risco para esse segundo índice.

No método de múltiplos decrementos, os vários tipos de decrementos atuam de forma simultânea, e o indivíduo acaba por transitar de um estado original para diferentes possíveis estados de destino, ou, ainda, esse indivíduo pode experimentar diferentes tipos de decrementos. Esses estados são chamados de *absorventes*, pois não existe possibilidade de outra transição.

Veja a Figura 6.3 a seguir.

Figura 6.3 – Esquema de exposição de certa população a causas de morte múltiplas

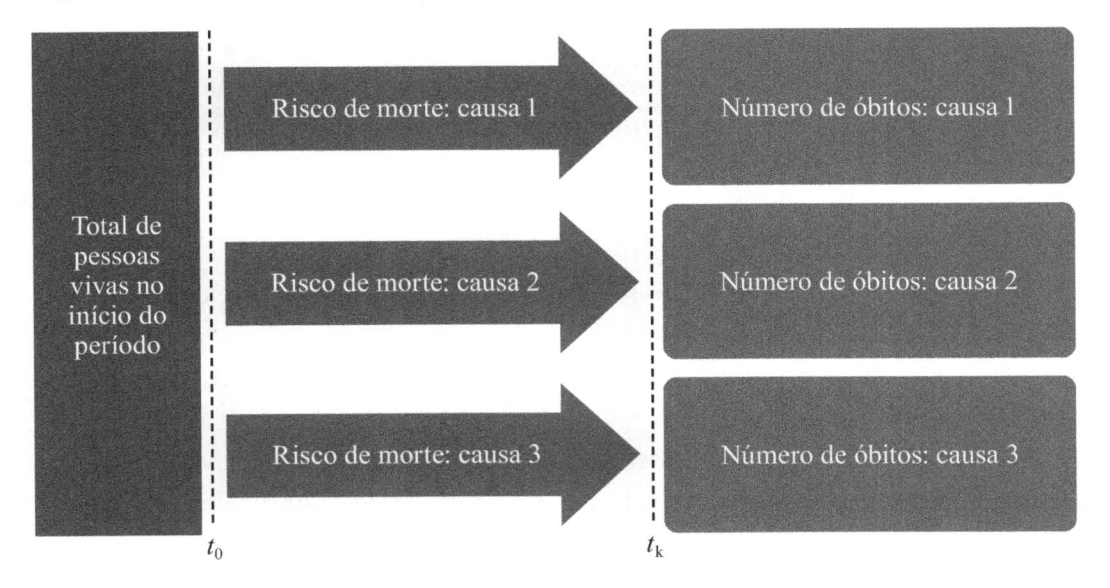

Quando se trata de riscos competitivos, Chiang (1984) comenta que existem k tipos de decrementos, podendo ocorrer nos casos em que k diferentes tipos de risco ocorrem simultaneamente. E, assim, para cada tipo de risco há uma função de risco diferente.

6.4 Tábuas de múltiplos decrementos

Tábuas de morte trabalham com a ideia de que um indivíduo sai dessa tábua ao morrer. Nesse caso, estamos falando de um único tipo de saída ou um único tipo de decremento.

Quando falamos em construir uma tábua de vida de múltiplos decrementos (TVMD), falamos de tábuas com mais de um tipo de saída, invalidez e aposentadoria, por exemplo. As TVMDs podem surgir a partir de uma tábua de decremento único ou utilizando-se de dados brutos que serão agrupados por tipo de decremento e grupo etário. Outra forma possível de se construir tal tábua é a partir de outra tábua de múltiplos decrementos já preexistente, construindo uma tabela com decremento único para cada uma das causas de decremento. Por fim, ainda é possível se fazer uma análise das funções da tábua de vida e alterá-la com a retirada de um ou mais decrementos.

Esse tipo de tábua de vida nasceu com base nas pesquisas de Chiang (1984), no início dos anos 1960, com o autor considerando que indivíduos vêm a óbito por diversas consequências, mas essas são sempre derivadas de uma só causa, o que faz seu modelo ser considerado um modelo não paramétrico. Como cita Gouveia (2007, p. 22), esse tipo de tábua de vida "serve como base para avaliar os ganhos potenciais nas esperanças de vida quando uma causa (ou grupo de causas) de morte é completamente eliminada da população em estudo".

Claramente esse modelo possui limitações e problemas a serem contornados, por exemplo: o fato de todas as mortes serem consideradas a partir de um único motivo ou causa principal eliminaria alguns tipos de risco, o que excluiria, por sua vez, alguns tipos de interações entre riscos específicos e outros tipos de risco. Assim, nesse caso, seriam eliminados os sintomas que levaram à morte do indivíduo e levar-se-ia em consideração somente a doença que gerou essa morte.

De modo contrário, alguns autores, como Hakulinen (1977), Tsai, Lee e Hardy (1978) e Gotlieb (1981), defendem que o modelo de Chiang é bastante facilitador, pelo fato de ele considerar as mortes por determinado fator em determinada faixa etária, o que leva a resultados mais precisos e limpos.

Para realizar a análise das funções da tábua de vida é necessário o conhecimento de diferentes tipos de probabilidades condicionais, sempre considerando um intervalo etário:

- **Brutas** – Verificam o risco de ocorrência de um evento quando todos os outros riscos atuam na população.

- **Brutas parciais** – Verificam o risco de ocorrer um evento quando os outros riscos são eliminados;
- **Líquidas** – Verificam o risco de ocorrência de um evento quando se eliminam os outros riscos, ou seja, só se trabalha com um risco específico.

Normalmente é considerado que esses três tipos de decrementos ou probabilidades são os únicos decrementos possíveis – isso para que seja possível aplicar e estudar as relações entre essas possibilidades.

Como modelo matemático, a tábua de vida (de decremento único) que trata diretamente da longevidade do indivíduo trabalha com a probabilidade $\left(_nq_x\right)$ desse indivíduo vir a falecer entre as idades x e $x + n$. Para isso, utiliza-se a seguinte equação:

Equação 6.12

$$_nq_x = \frac{n \cdot {}_nM_x}{1 + n(1 - {}_na_x) \cdot {}_nM_x}$$

Lembrando que $_nM_x$ é a mortalidade específica por idade e $_na_x$, o fator de separação – elementos que são calculados a partir de outras probabilidades já vistas em capítulos anteriores.

Para tratarmos dos múltiplos decrementos, iremos adaptar a Equação 6.12, pois nesse caso é necessário levar em consideração somente a probabilidade líquida de morte, ou seja, eliminar de forma total ou parcial as causas (ou um grupo de causas) desse cálculo. Vamos ficar, então, com a probabilidade de um indivíduo sobreviver a uma idade entre x e $x + n$, aplicada à Equação 6.12:

Equação 6.13

$$_np_x = \frac{1 - {}_na_x \cdot n \cdot {}_nM_x}{1 + (1 - {}_na_x) \cdot n \cdot {}_nM_x}$$

Ou, ainda, na forma comutada:

Equação 6.14

$$q_{xy} = 1 - {}_np_x^{\left[(D_x - D_{xy})/D_x\right]}$$

Nessa equação, x é a idade em anos inteiros, y são as causas, dadas por números inteiros, D_{xy} é o número de óbitos para a idade x por causas y e D_x é o número de óbitos para a idade x.

6.5 Tábua de vida de múltiplos estados

Vimos anteriormente que as tábuas de múltiplos decrementos contemplam a saída de dados. Mas o que não vimos é que essas saídas podem ser de diferentes tipos.

Durante o ciclo da vida, existem migrações, casamentos, divórcios, fenômenos demográficos, fenômenos naturais, morbidades, incapacidades etc. Veja a Figura 6.4 a seguir.

Figura 6.4 – Fluxo de vida sobre o estado civil de um indivíduo

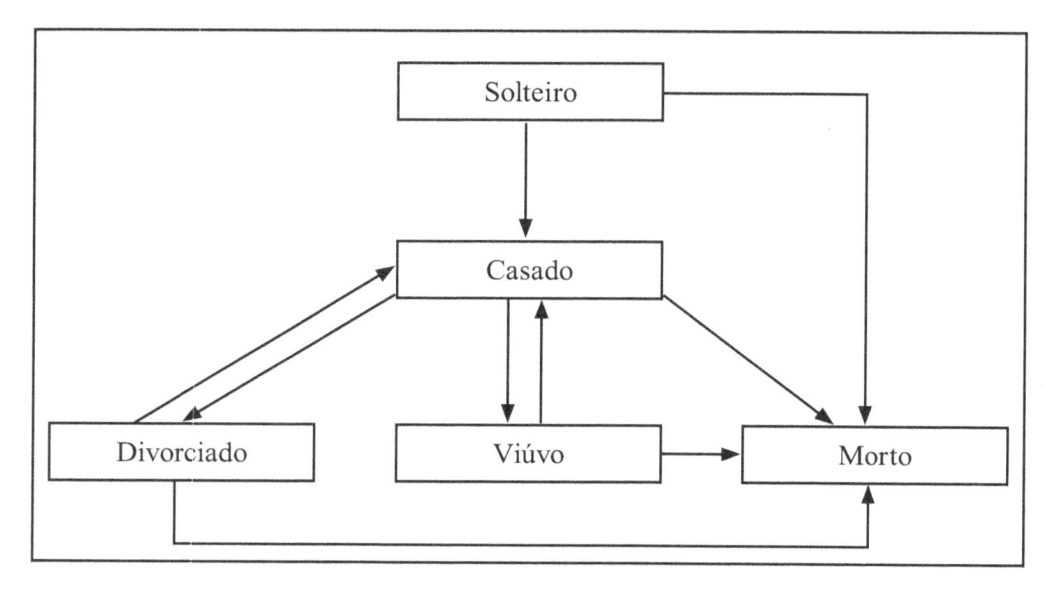

Fonte: Grupo de Foz, 2021, p. 713.

Podemos perceber na Figura 6.4, por meio do fluxo das flechas, que, uma vez que o indivíduo deixa de ser solteiro, ele não voltará mais a essa condição. Essa condição é chamada de *estado absorvente* ou, ainda, *estado morto*, pois o indivíduo não retornará a essa condição. Os demais estados são chamados de *estados transientes*, pois, durante sua vida, o indivíduo pode entrar e sair desses estados.

O que importa para nós, nesse caso, é que, para cada estado ou mudança dele, existe uma mudança na esperança de vida do indivíduo. E esse é um tema bastante difícil de ser abordado, pois cada vez que um indivíduo casa, separa, casa novamente, separa novamente, deve ser levada em consideração outra expectativa de vida para ele.

Para facilitar um pouco esses cálculos, são utilizadas tábuas de incremento-decremento, também chamadas de *tábuas de multiestado*. Elas basicamente funcionam combinando duas ideias: a dinâmica de mortalidade e a mudança de situação ou estado.

Rogers (1975) chamava esse modelo de *multirregional*, pois este trabalhava com as probabilidades de sobrevivência, utilizando uma tábua de vida que continha as informações de idade, naturalidade e migração.

Depois, para facilitar os cálculos, foram levados em consideração, no Brasil, somente as migrações de estado, pois é conhecida a discrepância em vários setores (educação, saúde, segurança etc.) entre os estados brasileiros, principalmente quando se trata de diferentes regiões.

Por outro lado, também podem ser realizados cálculos sobre a probabilidade de uma pessoa vir a casar, por exemplo, se ela migrar de determinada região para outra.

No entanto, antes de continuarmos nossa discussão sobre as tábuas de vida, devemos considerar um conceito que irá influenciar diretamente na construção e na aplicação delas: o conceito de estilo de vida saudável (EVS), que tem como objetivo acompanhar a qualidade de vida dos anos vividos de um indivíduo, principalmente na fase idosa, para poder entender as necessidades e implementar ações para aumentar ainda mais a expectativa de vida desse indivíduo.

O EVS leva em consideração a média de anos vividos pelo indivíduo e o quanto ele ainda poderá viver com saúde, combinando para isso as taxas de morbidade e mortalidade.

Segundo Farah (2019), para o *Jornal da USP*, até a Organização Mundial de Saúde (OMS) tem reconhecido a importância do EVS e das tendências de expectativa de vida juntamente com os padrões de morbidade, incapacidade e mortalidade na melhor idade. O grande problema desse parâmetro é a definição de "saudável", o que dificulta a mensuração de vários aspectos da vida do indivíduo.

Sullivan (1971) estabeleceu um método para o cálculo da expectativa de vida livre de incapacidade. Para isso, ele utilizou funções do tipo $_nL_x$ para indivíduos vivos entre (x, x + n) anos, sem incapacidade. Esse método é bastante utilizado, inclusive aqui no Brasil. Porém, existe um inconveniente nesse método: ele não considera as mudanças de Estado, o que diminui a precisão do método.

Existe uma forma mais simples para estimar o padrão etário e das probabilidades de transição de incapacidade.

No primeiro passo, calcula-se a probabilidade de transição entre ativo, incapaz e morto (idade *x*) utilizando o número de transições de estado, $E_x^{i,j}$, e o número de indivíduos que atingiram a mesma idade *x* para o estado *i*, mas que ainda podem mudar para o estado *j*:

Equação 6.15

$$p_x^{i,j} = \frac{E_x^{i,j}}{N_x^i}$$

Em segundo, como $E_x^{i,j}$ é bastante reduzido, as probabilidades de transição são grandes. Para sanar esse problema, trabalha-se com uma modelagem das probabilidades. E como as transições são determinadas em um intervalo de tempo $(t_p - t_0)$, o que traria retornos lineares, é normal supor que é possível trabalhar com a distribuição de Poisson e suas escalas logarítmicas. Assim, vamos ao terceiro passo.

A distribuição de Poisson trabalha com a função de densidade de probabilidade, conceito muito próximo ao conceito de taxa instantânea de um evento ocorrer. Assim, usa-se essa ideia para depois converter essas taxas em taxas anuais. Considerando t o período de tempo em anos no intervalo entre $(t_p - t_0)$, ficaremos então com:

Equação 6.16

$$\mu_x^{i,j} = -\frac{1}{t}\ln\left(1 - p_x^{i,j}\right)$$

Com essas informações, é possível determinar um padrão etário durante o intervalo de tempo $(t_p - t_0)$, bem como suas possíveis transições. Assim, podemos definir as taxas de transição de estado utilizando as funções de comutação $D_x^{i,j}$, que englobariam o número de transições de *i* para *j* entre x e $x + n$ e a população estimada para esse mesmo grupo:

Equação 6.17

$$_nM_x^{i,j} = \frac{_nD_x^{i,j}}{_nP_x^{i,j}}$$

Se pensarmos das definições para se construir uma tábua de vida de decremento único, lembraremos que ela determina um padrão etário do estado "vivo" para "morto" e seu principal problema é levar em conta apenas esse fator.

Para o multiestado, vamos utilizar, para cada idade, um tipo de fluxo. Se esse intervalo for de tamanho padrão n = 1, podemos escrever:

Equação 6.18

$$l_{x+1}^i = l_x^i + \sum_j d_x^{j,i} - \sum_j d_x^i$$

Em que:

Equação 6.19

$$d_x^{j,i} = M_x^{i,j} L_x^i$$

E assim, teremos:

Equação 6.20

$$L_x^i = \frac{1}{2}\left(l_x^i + l_{x+1}^i\right)$$

Para todas as equações, *i* é o estado inicial e *j* será o estado de destino.

Para saber mais

Caso queira ler sobre aplicações das tábuas de decrementos, acesse o artigo indicado a seguir:

POLATO, C. P. B. et al. Sobrevivência específica de pacientes com câncer de pulmão tratados no sistema público de saúde no Brasil e uma aplicação da Tábua Associada de Decremento Único. **Revista Brasileira de Estudo de População**, Rio de Janeiro, v. 30, p. 193-198, 2013. Disponível em: <https://www.scielo.br/j/rbepop/a/Kxtw73Cnc X5Yt4r5VqndTtc/?lang=pt>. Acesso em: 22 nov. 2022.

No texto indicado a seguir você poderá encontrar um aprofundamento sobre as rendas de vida conjunta e de último sobrevivente:

ANDRADE, G. C.; ZIMMERMANN, N. Como é a sucessão de aplicação financeira em conta conjunta? **Valor Econômico**, 4 set. 2017. Disponível em: <https://planejar. org.br/artigo/como-e-a-sucessao-de-aplicacao-financeira-em-conta-conjunta>. Acesso em: 22 nov. 2022.

Síntese

Pudemos ver, neste capítulo, a definição das rendas conjuntas, bem como a ideia e os exemplos aplicados de rendas para o último sobrevivente. Também apresentamos as tábuas de único e de múltiplos decrementos, as funções relacionadas a elas e suas principais semelhanças e diferenças. Vimos, ainda, que nem sempre é possível utilizar as tábuas simples com decrementos e que, para vários estados e variações de expectativas de vida, são utilizadas as tábuas multiestados.

Questões para revisão

1) Quando se sabe como o número de sobreviventes evolui em uma certa população, é possível utilizar as chamadas *tábuas de decrementos únicas ou múltiplas*. As tábuas de decremento único acabam por apresentar decréscimos na população total quando ocorre um óbito. Já as tábuas de múltiplos decrementos, que são utilizadas para objetivos específicos, têm sua função de decréscimo da população baseada em outros parâmetros. Quais seriam alguns desses parâmetros?

2) Quando se trata das saídas de um plano de benefício que podem ser descritas por uma tábua de múltiplos decrementos, quais os principais itens a serem levados em consideração?

3) Acerca da renda do último sobrevivente, leia as afirmações indicadas a seguir.

   I. Na vida conjunta, o *status* de vida é mantido enquanto todos os indivíduos do grupo em estudo estiverem vivos.
   II. A probabilidade de sobrevivência de dois indivíduos de idades se manterem vivos por anos é dada pela soma das probabilidades de sobrevivência individuais.
   III. No último sobrevivente, o *status* de vida é mantido enquanto pelo menos uma pessoa do grupo em estudo estiver viva.
   IV. Para o *status* de último sobrevivente, o benefício só é cessado quando ambos os indivíduos falecem.

   Assinale a alternativa que apresenta a resposta correta:

   a. São verdadeiras as afirmativas I e II.
   b. São verdadeiras as afirmativas II e III.
   c. São verdadeiras as afirmativas III e IV.
   d. São verdadeiras as afirmativas I, III e IV
   e. São verdadeiras as afirmativas II e IV.

4) Acerca das tábuas de único e múltiplos decrementos, assinale com V para verdadeiro e F para falso nas seguintes afirmações.

   ( ) Calcula-se a tábua de múltiplos decrementos utilizando tábuas individuais de mortalidade, rotatividade e invalidez.
   ( ) Para cada uma das causas dos decrementos reconhecidos no modelo de múltiplos decrementos, é possível definir um modelo de decremento único que depende somente de uma determinada causa.

( ) As tábuas de vida que consideram o efeito de eliminação de determinadas causas de morte ou surgimento de vida são um ótimo exemplo de aplicação das tábuas de múltiplos decrementos.

( ) Uma tábua de vida de múltiplo decremento contém todas as funções de uma tábua de vida de decremento único e é ainda acrescida de colunas com funções de mortalidade para cada causa de saída.

Agora, assinale a alternativa que contém a sequência correta:

a. V, V, F, F.
b. F, F, V, V.
c. V, V, V, V.
d. F, F, F, F.
e. V, V, V, F.

5) Qual fórmula se utiliza para calcular a probabilidade de transição de vivo, inválido ou morto para a tábua de vida de multiestados?

a. $p_x^{i,j} = \dfrac{E_x^{i,j}}{N_x^i}$

b. $_nM_x^{i,j} = \dfrac{_nD_x^{i,j}}{_nP_x^{i,j}}$

c. $d_x^{j,i} = M_x^{i,j} L_x^i$

d. $L_x^i = \dfrac{1}{2}\left(l_x^i + l_{x+1}^i\right)$

e. $\mu_x^{i,j} = -\dfrac{1}{t}\ln\left(1 - p_x^{i,j}\right)$

Questões para reflexão

1) Quais são as principais limitações de uma tabela ou tábua de multiestado?

2) Na área de previdência complementar, é comum o uso de tábuas de decremento único associadas que podem ser combinadas para formar uma tábua de múltiplos decrementos. Busque exemplos dessa utilização.

Considerações finais

Vimos, neste pequeno resumo do que pode ser a estatística atuarial, a importância de se conhecer esse ramo. Desde a construção de uma tábua de sobrevivência ou de mortalidade até seu uso para o cálculo de aposentadoria ou uma apólice de seguros, a atuária está presente. Esses fatos, por sua vez, estão presentes em nosso cotidiano, às vezes de forma mais indireta, mas estão lá.

Conhecer, portanto, os riscos envolvidos em um negócio, ou simplesmente em nossa vida, é algo imprescindível, principalmente na atualidade, em que a informação é um quesito muito importante para o desenvolvimento profissional e pessoal.

Ser um profissional da área de atuarial hoje é conhecer esses pequenos detalhes que fazem do risco uma fonte de informação. A cada censo demográfico, a cada construção de tábuas que serão posteriormente utilizadas para o cálculo serão necessários profissionais que tenham o entendimento delas como um todo, para depois se aprofundarem no quesito escolhido.

Esperamos, assim, ter auxiliado na compreensão inicial desses conceitos, visto que esta obra não tem a pretensão de se aprofundar em alguma área específica da atuária, e sim demonstrar a sua importância como um todo.

Referências

ABREU, M. P.; FERNANDES, F. T. The Insurance Industry in Brazil: a Long-Term View. **Harvard Business School Working Papers**, 2010. Disponível em: <https://econpapers.repec.org/paper/hbswpaper/10-109.htm>. Acesso em: 10 jan. 2023.

ALEXANDRE, A. Apólice de seguro: o que é e para que serve. **Serasa**, 11 nov. 2022. Disponível em: <https://www.serasa.com.br/blog/apolice-de-seguro-o-que-e-e-para-que-serve>. Acesso em: 30 dez 2022.

ARRUDA, H. F. **Ambiente de negócios em seguros**. Blumenau: Uniasselvi, 2010.

ARRUDA, H. F. **Noções de atuária**. Blumenau: Uniasselvi, 2017. Disponível em: <https://www.uniasselvi.com.br/extranet/layout/request/trilha/materiais/livro/livro.php?codigo=23401> Acesso em: 4 jan. 2023.

ARRUDA, H. F. **Transferência coletiva de riscos em arranjos produtivos locais**: viabilidade e requisitos. 134 f. Dissertação (Mestrado em Administração) – Universidade Regional de Blumenau, Blumenau, 2005. Disponível em <http://www.bc.furb.br/docs/TE/2005/298383_1_1.pdf>. Acesso em: 22 nov. 2022.

BERNSTEIN, P. L. **Desafio aos deuses**: a fascinante história do risco. Tradução de Ivo Korytowski. Rio de Janeiro: Campus, 1997.

BOWERS, N. L. et al. **Actuarial Mathematics**. 2. ed. [S.l.]: Society of Actuaries, 1997.

BRASIL, G. **O ABC da matemática atuarial e princípios gerais dos seguros**. Porto Alegre: Sulina, 1985.

BRASIL. Decreto n. 3.266, de 29 de novembro de 1999. **Diário Oficial da União**, Poder Executivo, Brasília, DF, 30 nov. 1999. Disponível em: <https://www.planalto.gov.br/ccivil_03/decreto/d3266.htm>. Acesso em: 12 dez. 2022.

BRASIL. Decreto n. 8.262, de 31 de maio de 2014. **Diário Oficial da União**, Poder Executivo, Brasília, DF, 2 jun. 2014. Disponível em: <https://www.planalto.gov.br/ccivil_03/_ato2011-2014/2014/decreto/d8262.htm>. Acesso em: 4 jan. 2023.

BRASIL. Decreto n. 11.705, de 19 de junho de 2008. **Diário Oficial da União**, Poder Executivo, Brasília, DF, 20 jun. 2008. Disponível em: <https://www.planalto.gov.br/ccivil_03/_ato2007-2010/2008/lei/l11705.htm>. Acesso em: 4 jan. 2023.

BRASIL. Decreto n. 66.408, de 3 de abril de 1970. **Diário Oficial da União**, Poder Executivo, Brasília, DF, 6 ab. 1970. Disponível em: <http://www.planalto.gov.br/ccivil_03/decreto/1970-1979/d66408.htm>. Acesso em: 12 dez. 2022.

BRASIL. Decreto-Lei n. 806, de 4 de setembro de 1969. **Diário Oficial da União**, Poder Executivo, Brasília, DF, 5 set. 1969. Disponível em: <http://www.planalto.gov.br/ccivil_03/decreto-lei/1965-1988/Del0806.htm>. Acesso em: 4 jan. 2023.

BRASIL. Lei Complementar n. 109, de 29 de maio de 2001. **Diário Oficial da União**, Poder Legislativo, Brasília, DF, 30 maio 2001a. Disponível em: <http://www.planalto.gov.br/ccivil_03/leis/lcp/lcp109.htm>. Acesso em: 4 jan. 2023.

BRASIL. Lei n. 9.532, de 10 de dezembro de 1997. **Diário Oficial da União**, Poder Legislativo, Brasília, DF, 11 dez. 1997. Disponível em: <https://www.planalto.gov.br/ccivil_03/leis/l9532.htm>. Acesso em: 4 jan. 2023.

BRASIL, Lei n. 11.441, de 4 de janeiro de 2007. **Diário Oficial da União**, Poder Legislativo, Brasília, 5 jan. 2007. Disponível em: <https://www.planalto.gov.br/ccivil_03/_ato2007-2010/2007/lei/l11441.htm>. Acesso em: 4 jan. 2023.

BRASIL. Medida Provisória n. 2.113-30, de 26 de abril de 2001. **Diário Oficial da União**, Poder Executivo, Brasília, 27 abr. 2001b. Disponível em: <http://www.planalto.gov.br/ccivil_03/mpv/Antigas_2001/2113-30.htm>. Acesso em: 4 jan. 2023.

BRASIL. Medida Provisória n. 2.222, de 4 de setembro de 2001. **Diário Oficial da União**, Poder Executivo, Brasília, DF, 5 set. 2001c. Disponível em: <http://www.planalto.gov.br/ccivil_03/mpv/2222.htm>. Acesso em: 4 jan 2023.

BRASIL. Ministério da Fazenda. Conselho Nacional de Seguros Privados. Superintendência de Seguros Privados. Resolução n. 49, de 12 fevereiro 2001. **Diário Oficial da União**, 19 mar. 2001d. Disponível em: <https://www2.susep.gov.br/safe/bnportal/internet/en/search/9618?exp=&exp_default=>. Acesso em: 12 jan. 2023.

BRASIL. Ministério da Fazenda. Conselho Nacional de Seguros Privados. Superintendência de Seguros Privados. Resolução n. 348, de 25 de setembro de 2017. **Diário Oficial da União**, 27 set. 2017. Disponível em: <https://www2.susep.gov.br/safe/scripts/bnweb/bnmapi.exe?router=upload/18574>. Acesso em: 19 jan. 2023.

BRASIL. Ministério da Fazenda. Superintendência de Seguros Privados. Circular n. 445, de 2 de julho de 2012. **Diário Oficial da União**, 10 jul. 2012. Disponível em: <https://www2.susep.gov.br/download/Circular%20445.pdf>. Acesso em: 4 jan. 2023.

BRASIL. Ministério da Fazenda. Superintendência de Seguros Privados. Circular n. 623, de 5 de março de 2021. **Diário Oficial da União**, 6 mar. 2021. Disponível em: <https://www2.susep.gov.br/safe/scripts/bnweb/bnmapi.exe?router=upload/24312>. Acesso em: 19 jan. 2023.

BRASIL. Ministério da Fazenda. Superintendência de Seguros Privados. **Previdência Complementar Aberta**. 22 jul. 2022a. Disponível em: <https://www.gov.br/susep/pt-br/planos-e-produtos/previdencia-complementar-aberta#:~:text=Os%20planos%20de%20previd%C3%AAncia%20oferecidos,regime%20geral%20de%20previd%C3%AAncia%20social>. Acesso em: 10 jan. 2023.

BRASIL. Ministério da Fazenda. Superintendência de Seguros Privados. **Seguro de pessoas**. 13 jul. 2022b. Disponível em: <https://www.gov.br/susep/pt-br/planos-e-produtos/seguros/seguro-de-pessoas#:~:text=Pr%C3%AAmio%20puro%3A%20valor%20correspondente%20ao,emiss%C3%A3o%20de%20ap%C3%B3lice%2C%20se%20houver>. Acesso em: 20 nov. 2022.

BRASIL. Ministério da Saúde. **A.10 Esperança de Vida ao Nascer**. Brasília. Disponível em: <http://tabnet.datasus.gov.br/cgi/idb2000/fqa10.htm>. Acesso em: 22 nov. 2022c.

BRASILPREV. **Quais são os tipos de rendas disponíveis?** 20 jul. 2022. Disponível em: <https://centraldeajuda.brasilprev.com.br/Quais-os-tipos-de-renda-dispon%C3%ADveis>. Acesso em: 4 jan. 2023.

BRAVO, J. M. V. **Tábuas de mortalidade contemporâneas e prospectivas**: modelos estocásticos, aplicações actuariais e cobertura do risco de longevidade. 565 f. Tese (Doutorado em Economia) – Universidade de Évora, Évora, 2007. Disponível em: <https://dspace.uevora.pt/rdpc/handle/10174/11148>. Acesso: 4 jan. 2023.

BUENO, D. Seguradoras encerram 2021 com alta de 14,6% no faturamento e 7,4 pontos a mais na sinistralidade. **Sonho Seguro**, 8 mar. 2022. Disponível em: <https://www.sonhoseguro.com.br/2022/03/seguradoras-encerram-2021-com-alta-de-146-no-faturamento-e-74-pontos-a-mais-na-sinistralidade>. Acesso em: 30 dez. 2022.

CALABRIA, A. R.; CAVALARI, M. F. Um passeio histórico pelo início das Teorias das Probabilidades. In: SEMINÁRIO NACIONAL DA HISTÓRIA DA MATEMÁTICA, 10., 2013, Campinas. **Anais...** Disponível em: <https://files.cercomp.ufg.br/weby/up/335/o/Um_passeio_hist%C3%B3rico_pelo_in%C3%ADcio_da_teoria_das_probabilidades-Mariana_Feiteiro_Cavalari_e_Ang%C3%A9lica_R._Cal%C3%A1bria.pdf?1409001312>. Acesso em: 19 jan. 2023.

CANDELÁRIA, W. T. F.; QUINTO, P. M. O. **Noções de atuária**. Londrina: Editora e Distribuidora Educacional S.A., 2017.

CAVALCANTE, R. H. P. **O impacto do desenvolvimento da tecnologia no século XXI sobre o seguro contra incêndio**. 73 f. Dissertação (Mestrado em Ciências Contábeis e Atuariais) – Pontifícia Universidade Católica de São Paulo, São Paulo, 2021. Disponível em: <https://sapientia.pucsp.br/bitstream/handle/24640/1/Rodolfo%20Henrique%20de%20Paiva%20Cavalcante.pdf>. Acesso em: 19 jan. 2023.

CAVALCANTE, R. T. **Relação entre o crescimento econômico, o desenvolvimento financeiro e os prêmios de seguro não vida no Brasil**. 82 f. Dissertação (Mestrado em Administração) – Universidade de Brasília, Brasília, 2017. Disponível em: <https://repositorio.unb.br/bitstream/10482/31350/1/2017_RenataTellesCavalcante.pdf>. Acesso em: 10 jan. 2023.

CFBM – Conselho Federal de Biomedicina. Resolução n. 78, de 29 de abril de 2002. **Diário Oficial da União**, 24 maio 2002a. Disponível em: <https://cfbm.gov.br/wp-content/uploads/2021/12/RESOLUCAO-CFBM-No-78-DE-29-DE-ABRIL-DE-2002.pdf>. Acesso em: 19 jan. 2023.

CFBM – Conselho Federal de Biomedicina. Resolução n. 80, de 29 de abril de 2002. **Diário Oficial da União**, 6 jun. 2002b. Disponível em: <https://cfbm.gov.br/wp-content/uploads/2021/12/RESOLUCAO-CFBM-No-80-DE-29-DE-ABRIL-DE-2002.pdf>. Acesso em: 19 jan. 2023.

CHIANG, C. L. **The Life Table and it's Aplications**. Malabar, FL: Robert E. Krieger Publishing Company, 1984.

CORDEIRO FILHO, A. **Cálculo atuarial aplicado**: teoria e aplicações – exercícios resolvidos e propostos. 2. ed. São Paulo: Atlas, 2014.

CUMMINS, J. D.; VERNAND, B. Insurance Market Dynamics: Between Global Developments and Local Contingencies. **Risk Management and Insurance Review**, v. 11, n. 2, p. 295-326, Sept. 2008.

DEBÓN, A.; MONTES, F.; SALA, R. A Comparison of Parametric Models for Mortality Graduation: Application to Mortality Data for the Valencia Region (Spain). **Sort**, Valencia, v. 29, n. 2, p. 269-288, Jul./Dec. 2005. Disponível em: <https://m.riunet.upv.es/bitstream/handle/10251/147780/Deb%C3%B3n%3BMontes-Suay%3BSala-Garrido%20-%20A%20comparison%20of%20parametric%20models%20for%20mortality%20graduation.%20Appl….pdf?sequence=1&isAllowed=y>. Acesso em: 13 dez. 2022.

FARAH, J. C. S. Adotar estilo de vida saudável reduz problemas de saúde. **Jornal da USP**, São Paulo, 16 set. 2019. Disponível em: <http://jornal.usp.br/?p=271754>. Acesso em: 7 jan. 2023.

FERNANDES, S. S. L. **Análise Atuarial das Anuidades**: Impaired e Enhanced. 124 f. Dissertação (Mestrado em Economia Monetária, Bancária e Financeira) – Universidade do Minho, Braga, 2013. Disponível em: <http://repositorium.sdum.uminho.pt/bitstream/1822/28054/1/S%c3%b3nia Sofia Lopes Fernandes.pdf>. Acesso em: 20 nov. 2022.

FERRARI, A. T.; FREITAS, W. J. de. **Previdência Complementar**: entendendo sua complexidade. São Paulo: CUT, 2001.

FERREIRA, W. J. **Coleção Introdução à Ciência Atuarial**. Rio de Janeiro: IRB, 1985.

FEYNMAN, R. P. **The Character of Physical Law**. Massachusetts: MIT Press, 1967.

FORFAR, D. O.; MCCUTCHEON, J. J.; WILKIE, A. D. On Graduation by Mathematical Formula. **Journal of the Institute of Actuaries**, v. 115, n. 1, p. 1-149, 1988. Disponível em: <https://www.jstor.org/stable/41140871>. Acesso em: 13 dez. 2022.

GOTLIEB, S. L. D. Mortalidade diferencial por causas, São Paulo, Brasil, 1970: tábuas de vida de múltiplo decremento. **Revista Saúde Pública**, São Paulo, v. 15, n. 4, p. 401-417, ago. 1981. Disponível em: <https://www.scielo.br/j/rsp/a/563k5rNFxczvqPcwPsTDjHD/?lang=pt>. Acesso em: 10 jan. 2023.

GOUVEIA, J. F. **Tábuas de vida de múltiplo decremento**: O impacto das causas básicas de morte na expectativa de vida dos estados do Nordeste em 2000. 124 f. Trabalho de Conclusão de Curso (Bacharelado em Estatística) – Universidade Federal da Paraíba, João Pessoa, 2007. Disponível em: <http://www.de.ufpb.br/graduacao/tcc/TCC2007Joseilme.pdf>. Acesso em: 4 jan. 2023.

GRUPO DE FOZ. **Métodos demográficos**: uma visão desde os países de língua portuguesa. São Paulo: Blucher, 2021.

HAKULINEN, T. Net Probabilities in Theory of Competing Risks. **Scandinavian Actuarial Journal**, v. 2, p. 65-80, 1977.

HOPE, W. T. **Introdução ao gerenciamento de riscos**. Tradução de Gustavo Adolfo Araújo Caldas. Rio de Janeiro: Funenseg, 2002.

IBA – Instituto Brasileiro de Atuária. **O IBA**. Disponível em: <https://atuarios.org.br/o-iba>. Acesso em: 20 nov. 2022a.

IBA – Instituto Brasileiro de Atuária. **Origem, evolução e conceito de atuária**. Disponível em: <http://atuarios.tempsite.ws/iba/conteudo.aspx?id=4&mindex=1>. Acesso em: 30 dez. 2022b.

IBGE – Instituto Brasileiro de Geografia e Estatística. **Pesquisa Nacional de Saúde**: 2013. Disponível em: <https://biblioteca.ibge.gov.br/visualizacao/livros/liv94074.pdf>. Acesso em: 20 nov. 2022.

IBGE – Instituto Brasileiro de Geografia e Estatística. **Tábua completa de mortalidade para o Brasil – 2016**: breve análise da evolução da mortalidade no Brasil. Rio de Janeiro, 2017. Disponível em: <https://ftp.ibge.gov.br/Tabuas_Completas_de_Mortalidade/Tabuas_Completas_de_Mortalidade_2016/tabua_de_mortalidade_2016_analise.pdf>. Acesso em: 20 nov. 2022.

IBGE – Instituto Brasileiro de Geografia e Estatística. **Tábuas completas de mortalidade para o Brasil**: 2020 – nota técnica n. 01/2021. [S.l.], 25 nov. 2021. Disponível em: <https://static.poder360.com.br/2021/11/nota-tecnica-tabuas-de-mortalidade.pdf>. Acesso em: 20 nov. 2022.

INCA – Instituto Nacional de Câncer. **Estudo aponta que restrição de fumar em ambientes públicos evitou 15 mil mortes de crianças no Brasil de 2000 a 2016**. Rio de Janeiro, 31 maio 2019. Disponível em: <https://www.inca.gov.br/imprensa/estudo-aponta-que-restricao-de-fumar-em-ambientes-publicos-evitou-15-mil-mortes-de-criancas>. Acesso: 4 jan. 2023.

LEGISCOR – Legislação do Corretor de Seguros. **Brasil é o oitavo país com maior potencial para o mercado de seguros**. 2020. Disponível em: <https://www.legiscor.com.br/noticias/brasil-e-o-oitavo-pais-com-maior-potencial-para-o-mercado-de-seguros>. Acesso em: 22 nov. 2022.

LIU, G.; ZHANG, C. The Dynamic Linkage Between Insurance Activities and Banking Credit: Some New Evidence from Global Countries. **International Review of Economics and Finance**, v. 44, n. 1, p. 40-53, July 2016.

MULHERES já são 60% do mercado de seguros: crescimento da participação feminina será abordada no Connection 2021. **VTN Comunicação**, 10 set. 2021. Disponível em: <https://jrs.digital/mulheres-ja-sao-60-do-mercado-de-seguros-crescimento-da-participacao-feminina-sera-abordada-no-connection-2021>. Acesso em: 22 nov. 2022.

NEVES, C. R. **Graduação bayesiana de taxas de mortalidade**. Rio de Janeiro: Funenseg, 2005. (Cadernos de Seguro: Teses, v. 10; n. 28). Disponível em: <http://docvirt.com/docreader.net/DocReader.aspx?bib=bib_digital&pagfis=3406>. Acesso em: 12 dez. 2022.

NUNES, H. R. C.; MURTA-NASCIMENTO, C.; LIMA, M. C. P. Impacto da Lei Seca sobre a mortalidade no trânsito nas unidades federativas do Brasil: uma análise de série temporal interrompida. **Revista Brasileira de Epidemiologia**, v. 24, p. 1-13, 2021. Disponível em: <https://www.scielo.br/j/rbepid/a/RzNLsRGCPf8V7rxRXQNgngk/?lang=pt>. Acesso em: 22 nov. 2022.

ORTIGA, R. Efetividade e eficácia das normas que disciplinam o contrato de risco no Brasil e sua influência no mercado consumidor. **Jurídico Certo**, 27 jun. 2017. Disponível em: <https://juridicocerto.com/p/robertasantos/artigos/efetividade-e-eficacia-das-normas-que-disciplinam-o-contrato-de-risco-no-brasil-e-sua-influencia-no-mercado-consumidor-3835>. Acesso em: 30 dez. 2022.

PACHECO JUNIOR, W. **Gerenciamento de risco**. Florianópolis, 2007. Apostila digitada.

PERES, M. A. S. **Introdução à atuária e precificação do seguro**. Rio de Janeiro: Funenseg, 2016.

PÉREZ, F. L. **Introdução**. Departamento de Estatística da Universidade Federal do Paraná, 11 maio 2021. Disponível em: <http://leg.ufpr.br/~lucambio/Nonparam/Nparam.html> Acesso: 4 jan. 2023.

PESQUISA aponta que apenas 15% dos brasileiros tem seguro de vida. **Apólice**, 12 set. 2019. Disponível em: <https://www.revistaapolice.com.br/2019/09/pesquisa-aponta-que-apenas-15-dos-brasileiros-tem-seguro-de-vida>. Acesso em: 30 dez. 2022.

PINHEIRO, S. S.; TROCCOLI, I. R. Resseguradoras locais brasileiras: breve análise comparativa de suas principais características. **Vianna Sapiens**, Juiz de Fora, v. 5, n. 2, p. 411-433, jul./dez. 2014. Disponível em: <https://viannasapiens.com.br/revista/article/download/130/115>. Acesso em: 30 dez. 2022.

PIRES, D. M.; COSTA, L. H. **Prêmios carregados**. Disponível em: <https://atuaria.github.io/portalhalley/PDF/MatematicaAtuarial1/PremioseBeneficiosCarregados.pdf>. Acesso em: 19 jan. 2023.

PIRES, D. M. et al. **Fundamentos da matemática atuarial**: vida e pensões. Curitiba: CRV, 2021.

PORTAL HALLEY. **História do seguro**: as origens do seguro. Disponível em: <https://atuaria.github.io/portalhalley/hist%C3%B3ria-do-seguro.html>. Acesso em: 30 dez. 2022.

PRESTON, S. H.; HEUVELINE, P.; GUILLOT, M. **Demography**: Measuring and Modeling Population Processes. Oxford: Blackwell Publishers Ltd., 2001.

RENDA. In: **Michaelis**: Dicionário Brasileiro da Língua Portuguesa. Disponível em: <https://michaelis.uol.com.br/moderno-portugues/busca/portugues-brasileiro/renda>. Acesso em: 7 jan. 2023.

ROGERS, A. **Introduction to Multiregional Mathematical Demography**. New York: Wiley & Sons, 1975.

SANTOS, J. M. M. R. **O seguro de vida com cobertura por sobrevivência no mercado segurador brasileiro**: uma análise tributária. 2016. Disponível em: <http://www.santosbevilaqua.com.br/wp-content/uploads/2016/04/Seguro-de-Vida-Poupanca-AIDA.pdf>. Acesso em: 22 nov. 2022.

SANTOS, M. A. L. **Taxas de sobrevivência de participantes de Fundo de Pensão vinculados ao setor elétrico nacional**. 82 f. Dissertação (Mestrado em Economia) – Universidade Federal do Ceará, Fortaleza, 2011. Disponível em: <https://repositorio.ufc.br/handle/riufc/5766>. Acesso em: 10 maio 2023.

SILVA, F. L. da. **Impacto do risco de longevidade em planos de previdência complementar**. 208 f. Tese (Doutorado em Contabilidade e Atuária) – Universidade de São Paulo, São Paulo, 2010. Disponível em: <https://www.teses.usp.br/teses/disponiveis/12/12136/tde-29112010-182036/pt-br.php>. Acesso em: 10 maio 2023.

SILVA, T. O. O que é expectativa de vida? **Brasil Escola**. Disponível em: <https://brasilescola.uol.com.br/o-que-e/geografia/o-que-e-expectativa-vida.htm>. Acesso em: 22 nov. 2022.

SOA – Society of Actuaries. **What is an Actuary?** Disponível em: <https://www.soa.org/future-actuaries/what-is-an-actuary>. Acesso em: 22 nov. 2022.

SOUZA, J. R. S. **Ganho na expectativa de vida com a exclusão dos óbitos por causas externas na Paraíba**: uma aplicação da Tábua de Múltiplos Decrementos. 94 f. Trabalho de Conclusão de Curso (Bachalerado em Ciênciais Atuarias) – Universidade Federal da Paraíba, João Pessoa, 2017. Disponível em: <https://repositorio.ufpb.br/jspui/bitstream/123456789/13978/1/JRSS05.04.2019.pdf>. Acesso em: 4 jan. 2023.

SOUZA, M. F. **AppCATU**: aplicativo educacional de conhecimentos atuariais. 189 f. Trabalho de Conclusão de Curso (Bacharelado em Ciências Atuariais) – Universidade Federal da Paraíba, João Pessoa, 2016. Disponível em: <http://plone.ufpb.br/atuariais/contents/documentos/tcc-maysa-francyelle-de-souza.pdf>. Acesso em: 22 nov. 2022.

SOUZA, S. de. **Seguros**: contabilidade, atuária e auditoria. 2. ed. São Paulo: Saraiva, 2007.

SULLIVAN, D. F. A Single Index of Mortality and Morbidity. **HSMHA Health Reports**, v. 86, n. 4, p. 347-354, Apr. 1971. Disponível em: <https://pubmed.ncbi.nlm.nih.gov/5554262>. Acesso em: 22 nov. 2022.

TÁBUAS de mortalidade. Disponível em: <https://atuaria.github.io/portalhalley/tabuas-mortalidade.html>. Acesso em: 23 maio 2023.

TEIXEIRA, A. S. **Teoria geral do seguro**. Rio de Janeiro: Funenseg, 2016.

TOMAZ, E. **Um breve panorama sobre o mercado de seguros no Brasil atual**. Disponível em: <https://www.textecnologia.com.br/blog/um-breve-panorama-sobre-o-mercado-de-seguros-no-brasil-atual>. Acesso em: 22 nov. 2022.

TSAI, S. P.; LEE, E. S.; HARDY, R. J. The Effect of a Reducion in Leading Causes of Death: Potencial Gains in Life Expectancy. **American Journal of Public Health**, v. 68, n. 10, p. 966-971, Oct. 1978.

TURRA, F. S.; STAROSTA, E. **Agrocenários**: desafios e oportunidades. Passo Fundo: Berthier, 2006.

VIANA, M. John Graunt, o comerciante que inventou a estatística. **Folha de S. Paulo**, 6 set. 2018. Disponível em: <https://www1.folha.uol.com.br/colunas/marceloviana/2018/09/john-graunt-o-comerciante-que-inventou-a-estatistica.shtml>. Acesso em: 4 jan. 2023.

Anexos

Tabela A – Tábua completa de mortalidade – ambos os sexos (2020)

Idades Exatas (X)	Probabilidades de Morte entre Duas Idades Exatas Q (X, N) (Por Mil)	Óbitos D (X, N)	l (X)	L (X, N)	T(X)	Expectativa de Vida à Idade X E(X)
0	11,556	1156	100000	98937	7679290	**76,8**
1	0,789	78	98844	98805	7580353	**76,7**
2	0,507	50	98766	98741	7481547	**75,7**
3	0,386	38	98716	98697	7382806	**74,8**
4	0,317	31	98678	98663	7284109	**73,8**
5	0,272	27	98647	98634	7185446	**72,8**
6	0,242	24	98620	98608	7086813	**71,9**
7	0,222	22	98596	98585	6988204	**70,9**
8	0,209	21	98574	98564	6889619	**69,9**
9	0,205	20	98554	98544	6791055	**68,9**
10	0,210	21	98534	98523	6692511	**67,9**
11	0,226	22	98513	98502	6593988	**66,9**
12	0,257	25	98491	98478	6495486	**66,0**
13	0,311	31	98465	98450	6397008	**65,0**
14	0,397	39	98435	98415	6298558	**64,0**
15	0,668	66	98396	98363	6200143	**63,0**
16	0,832	82	98330	98289	6101780	**62,1**
17	0,978	96	98248	98200	6003491	**61,1**
18	1,091	107	98152	98099	5905291	**60,2**
19	1,179	116	98045	97987	5807192	**59,2**
20	1,265	124	97929	97868	5709205	**58,3**
21	1,351	132	97806	97740	5611337	**57,4**
22	1,409	138	97673	97605	5513598	**56,4**
23	1,435	140	97536	97466	5415993	**55,5**
24	1,436	140	97396	97326	5318527	**54,6**
25	1,426	139	97256	97187	5221201	**53,7**
26	1,420	138	97117	97048	5124014	**52,8**
27	1,423	138	96980	96911	5026966	**51,8**
28	1,445	140	96841	96772	4930055	**50,9**
29	1,481	143	96702	96630	4833284	**50,0**

(continua)

(Tabela A – continuação)

Idades Exatas (X)	Probabilidades de Morte entre Duas Idades Exatas Q (X, N) (Por Mil)	Óbitos D (X, N)	l (X)	L (X, N)	T(X)	Expectativa de Vida à Idade X E(X)
30	1,522	147	96558	96485	4736654	49,1
31	1,565	151	96411	96336	4640169	48,1
32	1,613	155	96260	96183	4543833	47,2
33	1,666	160	96105	96025	4447650	46,3
34	1,727	166	95945	95862	4351625	45,4
35	1,798	172	95779	95693	4255763	44,4
36	1,881	180	95607	95517	4160070	43,5
37	1,976	189	95427	95333	4064552	42,6
38	2,082	198	95239	95140	3969220	41,7
39	2,202	209	95040	94936	3874080	40,8
40	2,336	222	94831	94720	3779144	39,9
41	2,487	235	94610	94492	3684424	38,9
42	2,661	251	94374	94249	3589932	38,0
43	2,861	269	94123	93989	3495683	37,1
44	3,087	290	93854	93709	3401695	36,2
45	3,334	312	93564	93408	3307986	35,4
46	3,600	336	93252	93084	3214578	34,5
47	3,884	361	92917	92736	3121493	33,6
48	4,186	387	92556	92362	3028757	32,7
49	4,508	416	92168	91960	2936395	31,9
50	4,856	446	91753	91530	2844435	31,0
51	5,231	478	91307	91068	2752905	30,1
52	5,629	511	90829	90574	2661837	29,3
53	6,052	547	90318	90045	2571263	28,5
54	6,503	584	89772	89480	2481218	27,6
55	6,992	624	89188	88876	2391738	26,8
56	7,521	666	88564	88231	2302862	26,0
57	8,083	710	87898	87543	2214631	25,2
58	8,677	757	87188	86809	2127088	24,4
59	9,315	805	86431	86029	2040279	23,6
60	10,007	857	85626	85198	1954250	22,8
61	10,769	913	84769	84313	1869053	22,0
62	11,612	974	83856	83369	1784740	21,3
63	12,547	1040	82882	82362	1701371	20,5

(Tabela A – conclusão)

Idades Exatas (X)	Probabilidades de Morte entre Duas Idades Exatas Q (X, N) (Por Mil)	Óbitos D (X, N)	l (X)	L (X, N)	T(X)	Expectativa de Vida à Idade X E(X)
64	13,582	1112	81843	81287	1619008	**19,8**
65	14,698	1187	80731	80138	1537721	**19,0**
66	15,920	1266	79544	78911	1457584	**18,3**
67	17,302	1354	78278	77601	1378673	**17,6**
68	18,873	1452	76924	76198	1301072	**16,9**
69	20,629	1557	75472	74693	1224874	**16,2**
70	22,526	1665	73915	73082	1150181	**15,6**
71	24,564	1775	72250	71363	1077098	**14,9**
72	26,803	1889	70475	69531	1005736	**14,3**
73	29,268	2007	68586	67583	936205	**13,7**
74	31,964	2128	66579	65515	868623	**13,0**
75	34,858	2247	64451	63327	803108	**12,5**
76	37,969	2362	62204	61023	739780	**11,9**
77	41,375	2476	59842	58604	678757	**11,3**
78	45,125	2589	57366	56072	620153	**10,8**
79	49,231	2697	54778	53429	564081	**10,3**
80 ou mais	1000,000	52081	52081	510652	510652	**9,8**

Fonte: IBGE, Diretoria de Pesquisas (DPE), Coordenação de População e Indicadores Sociais (COPIS).

Notas:

N = 1

Q(X, N) = Probabilidades de morte entre as idades exatas X e X + N.

l(X) = Número de sobreviventes à idade exata X.

D(X, N) = Número de óbitos ocorridos entre as idades X e X + N.

L(X, N) = Número de pessoas-anos vividos entre as idades X e X + N.

T(X) = Número de pessoas-anos vividos a partir da idade X.

E(X) = Expectativa de vida à idade X.

Fonte: IBGE, 2021, p. 4-5, grifo do original.

Tabela B – Tábua completa de mortalidade – homens (2020)

Idades Exatas (X)	Probabilidades de Morte entre Duas Idades Exatas Q (X, N) (Por Mil)	Óbitos D (X, N)	l (X)	L (X, N)	T(X)	Expectativa de Vida à Idade X E(X)
0	12,426	1243	100000	98855	7331122	**73,3**
1	0,861	85	98757	98715	7232267	**73,2**
2	0,570	56	98672	98644	7133552	**72,3**
3	0,441	44	98616	98594	7034908	**71,3**
4	0,367	36	98573	98555	6936314	**70,4**
5	0,318	31	98536	98521	6837759	**69,4**
6	0,284	28	98505	98491	6739238	**68,4**
7	0,261	26	98477	98464	6640747	**67,4**
8	0,247	24	98452	98439	6542283	**66,5**
9	0,241	24	98427	98415	6443843	**65,5**
10	0,247	24	98404	98391	6345428	**64,5**
11	0,267	26	98379	98366	6247036	**63,5**
12	0,307	30	98353	98338	6148670	**62,5**
13	0,379	37	98323	98304	6050332	**61,5**
14	0,500	49	98285	98261	5952028	**60,6**
15	0,986	97	98236	98188	5853767	**59,6**
16	1,260	124	98140	98078	5755579	**58,6**
17	1,509	148	98016	97942	5657502	**57,7**
18	1,712	168	97868	97784	5559560	**56,8**
19	1,876	183	97700	97609	5461776	**55,9**
20	2,039	199	97517	97418	5364167	**55,0**
21	2,197	214	97318	97211	5266749	**54,1**
22	2,300	223	97104	96993	5169538	**53,2**
23	2,334	226	96881	96768	5072546	**52,4**
24	2,317	224	96655	96543	4975778	**51,5**
25	2,275	219	96431	96321	4879235	**50,6**
26	2,240	216	96211	96104	4782914	**49,7**
27	2,221	213	95996	95889	4686810	**48,8**
28	2,232	214	95783	95676	4590921	**47,9**
29	2,268	217	95569	95460	4495245	**47,0**
30	2,309	220	95352	95242	4399784	**46,1**
31	2,348	223	95132	95020	4304542	**45,2**
32	2,396	227	94909	94795	4209522	**44,4**
33	2,456	233	94681	94565	4114727	**43,5**

(continua)

(Tabela B – continuação)

Idades Exatas (X)	Probabilidades de Morte entre Duas Idades Exatas Q (X, N) (Por Mil)	Óbitos D (X, N)	l (X)	L (X, N)	T(X)	Expectativa de Vida à Idade X E(X)
34	2,527	239	94449	94329	4020162	**42,6**
35	2,612	246	94210	94087	3925833	**41,7**
36	2,711	255	93964	93837	3831746	**40,8**
37	2,822	264	93709	93577	3737909	**39,9**
38	2,947	275	93445	93307	3644332	**39,0**
39	3,088	288	93169	93025	3551025	**38,1**
40	3,246	301	92882	92731	3458000	**37,2**
41	3,426	317	92580	92422	3365269	**36,3**
42	3,634	335	92263	92095	3272847	**35,5**
43	3,871	356	91928	91750	3180752	**34,6**
44	4,139	379	91572	91382	3089002	**33,7**
45	4,433	404	91193	90991	2997620	**32,9**
46	4,754	432	90788	90573	2906629	**32,0**
47	5,105	461	90357	90126	2816057	**31,2**
48	5,488	493	89896	89649	2725930	**30,3**
49	5,905	528	89402	89138	2636281	**29,5**
50	6,354	565	88874	88592	2547143	**28,7**
51	6,837	604	88310	88008	2458551	**27,8**
52	7,356	645	87706	87383	2370543	**27,0**
53	7,912	689	87061	86716	2283160	**26,2**
54	8,507	735	86372	86005	2196444	**25,4**
55	9,151	784	85637	85245	2110439	**24,6**
56	9,840	835	84854	84436	2025194	**23,9**
57	10,562	887	84019	83575	1940757	**23,1**
58	11,314	941	83131	82661	1857183	**22,3**
59	12,109	995	82191	81693	1774522	**21,6**
60	12,965	1053	81195	80669	1692829	**20,8**
61	13,904	1114	80143	79585	1612160	**20,1**
62	14,935	1180	79028	78438	1532575	**19,4**
63	16,074	1251	77848	77222	1454136	**18,7**
64	17,330	1327	76597	75933	1376914	**18,0**
65	18,675	1406	75269	74566	1300981	**17,3**
66	20,143	1488	73864	73120	1226415	**16,6**
67	21,815	1579	72376	71586	1153295	**15,9**
68	23,736	1680	70797	69957	1081709	**15,3**

(Tabela B – conclusão)

Idades Exatas (X)	Probabilidades de Morte entre Duas Idades Exatas Q (X, N) (Por Mil)	Óbitos D (X, N)	l (X)	L (X, N)	T(X)	Expectativa de Vida à Idade X E(X)
69	25,895	1790	69116	68222	1011752	**14,6**
70	28,230	1901	67327	66376	943531	**14,0**
71	30,728	2010	65426	64421	877155	**13,4**
72	33,459	2122	63416	62355	812734	**12,8**
73	36,448	2234	61294	60177	750379	**12,2**
74	39,704	2345	59060	57887	690202	**11,7**
75	43,212	2451	56715	55489	632315	**11,1**
76	46,987	2550	54264	52989	576825	**10,6**
77	51,089	2642	51714	50393	523836	**10,1**
78	55,558	2726	49072	47709	473443	**9,6**
79	60,423	2800	46346	44946	425734	**9,2**
80 ou mais	1000,000	43546	43546	380788	380788	**8,7**

Fonte: IBGE, Diretoria de Pesquisas (DPE), Coordenação de População e Indicadores Sociais (COPIS).

Notas:

N = 1

Q(X, N) = Probabilidades de morte entre as idades exatas X e X+N.

l(X) = Número de sobreviventes à idade exata X.

D(X, N) = Número de óbitos ocorridos entre as idades X e X+N.

L(X, N) = Número de pessoas-anos vividos entre as idades X e X+N.

T(X) = Número de pessoas-anos vividos a partir da idade X.

E(X) = Expectativa de vida à idade X.

Fonte: IBGE, 2021, p. 6-7, grifo do original.

Tabela C – Tábua completa de mortalidade – mulheres (2020)

Idades Exatas (X)	Probabilidades de Morte entre Duas Idades Exatas Q (X, N) (Por Mil)	Óbitos D (X, N)	l (X)	L (X, N)	T(X)	Expectativa de Vida à Idade X E(X)
0	10,635	1064	100000	99024	8030756	**80,3**
1	0,710	70	98936	98901	7931732	**80,2**
2	0,446	44	98866	98844	7832831	**79,2**
3	0,334	33	98822	98806	7733987	**78,3**
4	0,270	27	98789	98776	7635181	**77,3**
5	0,229	23	98763	98751	7536405	**76,3**
6	0,202	20	98740	98730	7437654	**75,3**
7	0,183	18	98720	98711	7338924	**74,3**
8	0,171	17	98702	98694	7240213	**73,4**
9	0,165	16	98685	98677	7141520	**72,4**
10	0,167	16	98669	98661	7042843	**71,4**
11	0,178	18	98652	98643	6944182	**70,4**
12	0,212	21	98635	98624	6845539	**69,4**
13	0,253	25	98614	98601	6746914	**68,4**
14	0,290	29	98589	98575	6648313	**67,4**
15	0,330	33	98560	98544	6549738	**66,5**
16	0,376	37	98528	98509	6451194	**65,5**
17	0,413	41	98491	98470	6352685	**64,5**
18	0,435	43	98450	98429	6254215	**63,5**
19	0,447	44	98407	98385	6155786	**62,6**
20	0,457	45	98363	98341	6057401	**61,6**
21	0,472	46	98318	98295	5959060	**60,6**
22	0,487	48	98272	98248	5860764	**59,6**
23	0,506	50	98224	98199	5762516	**58,7**
24	0,527	52	98174	98149	5664317	**57,7**
25	0,550	54	98123	98096	5566168	**56,7**
26	0,575	56	98069	98041	5468073	**55,8**
27	0,604	59	98012	97983	5370032	**54,8**
28	0,640	63	97953	97922	5272050	**53,8**
29	0,681	67	97891	97857	5174128	**52,9**
30	0,728	71	97824	97788	5076270	**51,9**

(continua)

(Tabela C – continuação)

Idades Exatas (X)	Probabilidades de Morte entre Duas Idades Exatas Q (X, N) (Por Mil)	Óbitos D (X, N)	l (X)	L (X, N)	T(X)	Expectativa de Vida à Idade X E(X)
31	0,779	76	97753	97715	4978482	**50,9**
32	0,830	81	97677	97636	4880768	**50,0**
33	0,880	86	97595	97553	4783132	**49,0**
34	0,932	91	97510	97464	4685579	**48,1**
35	0,990	96	97419	97371	4588115	**47,1**
36	1,058	103	97322	97271	4490744	**46,1**
37	1,137	111	97219	97164	4393474	**45,2**
38	1,229	119	97109	97049	4296310	**44,2**
39	1,333	129	96990	96925	4199260	**43,3**
40	1,448	140	96860	96790	4102336	**42,4**
41	1,574	152	96720	96644	4005546	**41,4**
42	1,719	166	96568	96485	3908902	**40,5**
43	1,884	182	96402	96311	3812417	**39,5**
44	2,067	199	96220	96121	3716106	**38,6**
45	2,268	218	96021	95912	3619986	**37,7**
46	2,481	238	95803	95685	3524073	**36,8**
47	2,701	258	95566	95437	3428389	**35,9**
48	2,925	279	95308	95168	3332952	**35,0**
49	3,157	300	95029	94879	3237784	**34,1**
50	3,409	323	94729	94567	3142905	**33,2**
51	3,682	348	94406	94232	3048338	**32,3**
52	3,973	374	94058	93871	2954106	**31,4**
53	4,282	401	93685	93484	2860234	**30,5**
54	4,614	430	93283	93068	2766750	**29,7**
55	4,978	462	92853	92622	2673682	**28,8**
56	5,377	497	92391	92142	2581060	**27,9**
57	5,808	534	91894	91627	2488918	**27,1**
58	6,273	573	91360	91074	2397291	**26,2**
59	6,779	615	90787	90479	2306217	**25,4**
60	7,335	661	90172	89841	2215738	**24,6**
61	7,955	712	89510	89154	2125897	**23,8**
62	8,648	768	88798	88414	2036743	**22,9**
63	9,427	830	88030	87615	1948328	**22,1**
64	10,296	898	87200	86751	1860713	**21,3**

(Tabela C – conclusão)

Idades Exatas (X)	Probabilidades de Morte entre Duas Idades Exatas Q (X, N) (Por Mil)	Óbitos D (X, N)	l (X)	L (X, N)	T(X)	Expectativa de Vida à Idade X E(X)
65	11,247	971	86302	85817	1773962	**20,6**
66	12,292	1049	85332	84807	1688144	**19,8**
67	13,461	1135	84283	83716	1603337	**19,0**
68	14,773	1228	83148	82534	1519621	**18,3**
69	16,229	1329	81920	81255	1437087	**17,5**
70	17,806	1435	80591	79873	1355832	**16,8**
71	19,520	1545	79156	78383	1275959	**16,1**
72	21,429	1663	77610	76779	1197576	**15,4**
73	23,565	1790	75947	75053	1120797	**14,8**
74	25,929	1923	74158	73196	1045744	**14,1**
75	28,470	2057	72235	71207	972548	**13,5**
76	31,210	2190	70178	69083	901342	**12,8**
77	34,246	2328	67988	66824	832258	**12,2**
78	37,633	2471	65660	64424	765435	**11,7**
79	41,376	2615	63189	61881	701010	**11,1**
80 ou mais	1000,000	60574	60574	639129	639129	**10,6**

Fonte: IBGE, Diretoria de Pesquisas (DPE), Coordenação de População e Indicadores Sociais (COPIS).

Notas:

N = 1

Q(X, N) = Probabilidades de morte entre as idades exatas X e X+N.

l(X) = Número de sobreviventes à idade exata X.

D(X, N) = Número de óbitos ocorridos entre as idades X e X+N

L(X, N) = Número de pessoas-anos vividos entre as idades X e X+N.

T(X) = Número de pessoas-anos vividos a partir da idade X.

E(X) = Expectativa de vida à idade X.

Fonte: IBGE, 2021, p. 8-9, grifo do original.

Respostas

CAPÍTULO 1

Questões para revisão

1) Para a sobrevivência, quando observamos a reta vertical no eixo do tempo seguindo até que ele toque a curva dos 10 dias, verificamos que temos um valor para a sobrevivência (eixo das ordenadas) de aproximadamente 0,08. Para verificarmos a sobrevivência mediana, que nada mais é do que o tempo para o qual temos metade da população viva ou ainda não atingido o evento, vamos traçar uma reta no eixo de $S(t)$ do ponto 0,5 até a curva, encontrando, dessa forma, um tempo mediano de sobrevivência de aproximadamente 5 dias. Para encontrar esse valor, precisamos traçar uma reta a partir da probabilidade de 80%, ou de 0,8, e poderemos verificar que a resposta é o tempo de aproximadamente 3 dias.

2) b

3) A distribuição de Poisson é uma forma de demonstrar estatisticamente a probabilidade de um evento ocorrer em um certo intervalo de tempo. Ela é utilizada para determinar a força de mortalidade pelo fato de esta ser um tipo de função que apresenta continuidade, além de ser sempre positiva, pois é dependente do tempo, facilitando o uso desse método matemático nos cálculos.

4) c

5) d

Questões para reflexão

1) O leitor deverá notar que o atuário pode até ter embasamento para trabalhar nas duas áreas, pois cada área necessita de conhecimentos básicos iguais, mas, no que se refere aos conhecimentos específicos, são necessários conhecimentos distintos.

2) Aqui o leitor deverá propor ideias para que ocorra essa minimização. Sendo assim, a resposta é pessoal.

3) O leitor deverá reparar que provavelmente existe uma probabilidade maior de sobrevivência quanto menor a idade, mas é possível discutir esse fato com mais profundidade levando em conta fatores externos, como a violência, por exemplo.

CAPÍTULO 2

Questões para revisão

1) e

2) b

3) d

4) A lei de mortalidade de Gompertz utiliza a ideia de que os óbitos humanos provêm de causas naturais e acidentais. No entanto, em sua lei ele utilizou apenas as causas naturais (envelhecimento) para os cálculos. Quando Makeham remodelou a sua fórmula matemática, acrescentou um termo relativo às mortes por causas acidentais, tornando-a mais completa.

5) $\mu_x = Ae^{-Bx} + Ce^{-D(x-E)^2} + FG^x$

Podemos afirmar que o primeiro termo $\left(Ae^{-Bx}\right)$ se refere à mortalidade infantil; o segundo termo $\left(Ce^{-D(x-E)^2}\right)$, à mortalidade causada por fatores externos; e o terceiro termo $\left(FG^x\right)$, à lei de Gompertz para idades avançadas.

Questões para reflexão

1) Esta resposta é pessoal, pois depende do entendimento da Lei Seca, dos seus benefícios e malefícios etc.

2) Podem ser citadas ainda as leis de mortalidade de Lee-Carter, de Lee-Miller, de Hyndman-Ullah, por exemplo, que são menos utilizadas por se tratar de aplicações muito específicas.

CAPÍTULO 3

Questões para revisão

1) b

2) d

3) A covid-19 matou milhares de pessoas em todo o mundo. Com isso, a expectativa de vida, por se tratar de um dado estatístico que leva em consideração as mortes ocorridas no período, deve cair, principalmente em países com muitas mortes como o Brasil.

4) a

5) Aqui é necessário perceber que, além da diferença público (social) e privado, ainda há a questão da idade e do abatimento de valores do imposto de renda.

Questões para reflexão

1) Definimos normalmente *tábua de mortalidade* como um modelo que descreve a mortalidade em função das idades da população em certo momento ou período de tempo. Já a tábua de comutação se utiliza de relações matemáticas a fim de simplificar o cálculo das operações atuariais para serem utilizadas posteriormente nos cálculos de seguros.

2) Espera-se que o leitor escolha um país desenvolvido e pesquise a respectiva expectativa de vida atual. Depois, verifique a expectativa de vida no Brasil. Normalmente, países em desenvolvimento e subdesenvolvidos têm expectativa de vida mais baixa que os demais, pois nem todos os habitantes desses países têm, por exemplo, acesso à saúde.

CAPÍTULO 4

Questões para revisão

1) a

2) Cordeiro Filho (2014) afirma não é correto chamar esse parcelamento de *prestações*, porque esse termo, na matemática financeira, refere-se a um valor que contém juros e amortizações. Esse autor ainda afirma que, no caso dos seguros, há uma composição desse parcelamento com elementos financeiros, aleatórios e estatísticos, logo, seria mais correto utilizar ou o termo *parcelamento* ou *valor fracionado*.

3) Quando falamos em *rendas imediatas*, estamos falando de rendas que são pagas no primeiro período contado da origem da renda. As rendas diferidas são aquelas pagas após um período de tempo (tempo de diferimento) do período de origem da renda. Nas rendas vitalícias, o beneficiário deve acumular renda em seu plano por certo período determinado em contrato, para então receber a renda até a data de seu falecimento, enquanto nas rendas temporárias o prazo de recebimento é predefinido pelo contrato e não ocorre até a morte. Para o caso das rendas antecipadas, as rendas se dão no início de cada período, enquanto nas rendas postecipadas o pagamento ocorre ao final de período.

4) d

5) d

Questão para reflexão

1) Alguns tipos de renda por sobrevivência que são rentáveis são a previdência privada e os fundos de investimento, por exemplo. Cada pessoa, ao fazer um plano desses, deve analisar o que espera receber e quando isso irá acontecer, além de quanto ela pode investir, para saber qual das formas é mais rentável.

CAPÍTULO 5

Questões para revisão

1) a

2) d

3) b

4) No Brasil, o órgão responsável pelo controle, regulação, incentivo e capitalização do resseguro é a Superintendência de Seguros Privados (Susep).

5) Apólice e prêmio não são considerados essenciais, pois são consequências do conhecimento dos outros itens citados.

Questões para reflexão

1) A resposta é pessoal. Espera-se que o leitor pesquise sobre fundos de previdência pública e privada e analise os prós e os contras.

2) O caráter internacional é essencial para que não haja concentração geográfica que possa ser prejudicial às economias locais. Se houver grandes perdas devido a catástrofes, endemias, riscos de contingência etc., elas poderão ser dissolvidas entre as regiões do mundo.

CAPÍTULO 6

Questões para revisão

1) Os mais diversos parâmetros podem ser considerados ao se trabalhar com as tábuas de múltiplos decrementos, dentre eles, a contribuição previdenciária, a saída do mercado de trabalho por aposentadoria ou invalidez, causas externas de mortes que não somente a idade etc.

2) As principais funções para esse cálculo são a probabilidade de morte, a probabilidade de demissão e a probabilidade de entrada em aposentadoria.

3) d

4) c

5) a

Questões para reflexão

1) As principais limitações são: comunicação e entendimento dos modelos por parte dos usuários; falta de *softwares* flexíveis e de uso amigável; limitações dos pacotes existentes no mercado e em diversos *softwares*.

2) A tábua de entrada em invalidez de uma população pode ser utilizada combinada com a tábua de vida, de entrada em aposentadoria, de demissões, entre outras, para determinação de uma tábua de múltiplos decrementos. Isso auxiliaria na análise das saídas de participantes ativos num determinado regime de previdência complementar.

Sobre a autora

Camila Correia Machado é professora de ensino médio, técnico e graduação há mais de 15 anos, nas redes pública e privada. Formada em Processos Gerenciais pela Universidade Sociedade Educacional de Santa Catarina (Unisociesc) e licenciada em Matemática pelo Centro Universitário Internacional Uninter, tem pós-graduação em Tecnologias Educacionais para Ensino a Distância pela Unisociesc. Possui publicações na área de educação e formação de professores e livros publicados na área de exatas. Sua principal área de interesse é levar a estatística de forma mais simples aos leitores.

Impressão: Reproset